干得漂亮是能力 活得漂亮是本事

谢可慧／著

浙江大学出版社
ZHEJIANG UNIVERSITY PRESS

从小到大，我都是一个沉默的人。没有人陪我说话的时候，我就读书和写字。漫山遍野的生活，琐碎而纷杂，许多年里，我常常坐在老家台门的门槛上，一个人看一整个下午的书。马尔克斯说，作家最完美的家是烟花柳巷，上午寂静无声，入夜欢声笑语。而于我，安静，是最重要的。

江南的天气从不温润，也不宁和，但读书和写作可以。不需要任何点缀，仅仅是读书，就是心安理得。

我有很多喜欢的作家，就像我喜欢很多人一样。有人说我"花心"，而我，也尊重自己的花心。在我的印象中，只要那些能够打动我的文字，都能够让我瞬间爱上一个人。后来，我才渐渐明白，我可能爱的，更是一种五彩斑斓的生活以及神气活现的自己。

干得漂亮是能力，活得漂亮是本事。白天在职场搏杀，晚上属于自己。许多人常常说：

或许，写字，是你这辈子能做的最长久的事了。

而我想说，写字是一种生活方式。

写字这件事于我来说，从来是蓄谋已久的，而我却认为，一个人骨子里要许多年才知道自己是否真正爱一件事。而我，用了整整十年，并爱得不可自拔。二十岁开始正式写作，三十岁出了人生的第一本书。写作是一种研磨，要慢慢地才可以去粗取精。二十岁之前，只能算动笔；二十岁之后，才知道写字这回事，除了阅读，还需要生活阅历。你见过许多人、走过许多路、看过许多风景，在长纬度的世界里或许才有山川湖海的无拘无束。

年轻时，觉得生活太长，长到看不到茫茫的终点，年老时，一生流光，也不过是顷刻回首而已。生而为人，总是想漂亮地活着，就像我，一直给自己一个梦想，然后拼命地努力，哪怕并不是那么好看的结果，却依然给了我灵气逼人的现实。

生活之于文字，文字之于生活。有太多的偶然拾得，或许也不值得一提，但真的是铭心之感。写一个故事，是写一段生活，或者说，再望一段生活之美。生活缓慢，希望一千个故事，读出一千种生活，还有彼此心有灵犀的感应。

而作为我，一个写作天赋并不算太高的人，真的多谢自己还有一颗喜欢生活的心在帮我热爱着这片高低起伏的人生，也多谢那些跋山涉水的许多人陪我看细水长流。

目录

Part 1 / 愿你无论在哪个年纪，都不再恐慌

Part 2 / 你是不是过早死去的年轻人

Part 5 / 我们都是风雨夜归人

Part 1

愿你无论在哪个年纪，都不再恐慌

我们那么努力，不是为了感动谁，也不是为了证明给谁看，或许只是因为不甘心内心最好的自己被遗弃，而日日夜夜告诉自己永不放弃。

努力地向前走，就是对人生最好的馈赠。

保持自己的生活节奏到底有多重要

26岁那年的春天，我与老友成立了读书联盟，到今年春天整整四周年。

读书联盟总共只有两人，我和她。身为书虫的我们，轮流坐镇盟主之位——每月初接过盟主之位，每月末作为主讲人，谈自己的读书心得。可以不谈书中的人物，只谈感觉，可以几本书连着谈，也可以只谈一个句子。我们从不质疑谁的言论的真实性，也从不怀疑自己是否误读。

但我们有一个默契是，只要有一方觉得辛苦，就可以立刻暂停当月读书会，时间允许无限期，不必告知什么时候恢复，一直到想读书的时候再继续。

幸运的是，四年内，我们只停了四个月，有一个月是我去了一趟澳洲，后来又处理了一些自己的工作上的事，基本没有读书。还有一次是，她的亲人过世，一时回不过神来，整整停了三个月。第二个月的时候，她担忧地试探我："如果因此没有办法再一起继续了，怎么办？"我说："没关系，解散，但我们还是好朋友。"然后第三个月的月末，她打来电话说她准备好了。后来，她告诉我，因为我的那一句宽心之语，反倒让她不再沉郁于因为悲痛而无法读书，又害怕从此失去了我这个朋友的恐惧中，卸下了所有的压力。

这之后，我们都保持着自己的节奏，完成了将近 200 本书的解读，写了 400 多页除了自己谁也看不懂的笔记，给报纸交了大概 15 篇书评，也拒绝了许多篇的书评邀稿，自始至终，我们丝毫没有把这当成负担，也从来没有希望在书中得到什么。

为读的欲望而读，有写的欲望才写。我想，这是我二十多岁的年纪里做得最好的事，它让我懂得了一件事：所有在你生活中出现频率最高的事，就是你最爱的，而这一份满足感也只属于你自己。

张充和先生是我很喜欢的一位画家，她 90 岁的时候，回北京开她的书画展。当时媒体的报道中这样描述她："帷布下面站着一位老人：夹杂黑发的白发在脑后盘成发髻，依旧是旗袍，裁剪合身，周正地裹住她瘦小的身躯。尽管时年 90 岁，镜片后的双眼却投射出矍铄的光芒。"

这篇报道是我后来看到的，当时，我的脑海中出现的就是一个深深宅院中的民国女子，琴瑟泼墨，往来鸿儒。我买过充和先生的画，她的画是有灵秀感的，静谧、空灵，感觉就是身处山水间寻得到的一份独白，而她就静静地望着你，在她的笔中告诉你她的世界，不必追，不必问。

我读过苏炜先生的《天涯晚笛：听张充和讲故事》，可以明显感到一种自然而然流露出来、按着自己频率生活的幸福感。在她宏大的人生故事中，没有什么事可以让她轻易改变，世界上有一种风骨叫做——我的人生是自己灵魂的外在表现。而张充和就是这样。她有她热爱的昆曲，钟爱的书画和诗词，比如有人提醒她，现在的昆曲已经和从前不一样了，她立刻反问："我已经快100岁了，难道还要我来迎合你们的昆曲世界吗？"苏炜在接受采访时，被问到张充和的晚年生活，他说张先生对昆曲是有兴趣就唱，写字是每天都写，一直到98岁都每天写字。在临终前清醒时，还请人吹笛，自己清唱几段昆曲。

长大以后，我渐渐发现，许多能够在生活中活出自己感觉的人，并非一定腰缠万贯，也并非能指点江山，而是能够在自己有限的时间里，按照自己的频率生活。至于能不能成功，从来不由初心，而是来也好无也罢的随遇而安。时间从来都是公平的，而最大的浪费莫过于在自己的时间里按照别人的意愿生活。

生活中的许多时候，我们拒绝别人的打扰，总是比接受别人的要求要难许多；按照别人的步伐走，又比保持自己的频率要容易许多。不是因为我们偷懒，而是因为我们早就习惯了在安排与被安排中，自动站在了被安排的位置，就像是一种久而久之的一以贯之，而慢慢忘记了自己。

我大学时代在报社实习的时候，遇到过一个采访对象。他从小到大保持着一个习惯——钓鱼。这一个习惯整整保持了二十多年。

他生在农村，幼年的游玩活动，就是跳进水里捉鱼，他捉鱼水平很差，经常是别人捉了满满一桶，他就一两条还没手掌大的鱼。后来他父亲生意很成功，在他13岁时带着他们全家离开了农村，到城市居住，他还是喜欢有事没事跳进水里捉鱼。

他喜欢这样，因为在捉鱼的时候，他感受到一种轻松感，让他淡化了小时候所谓的成长的烦恼。

父亲知道他喜欢捉鱼，给他买了鱼竿，这是弥补他无法再像在农村一样捉鱼的遗憾的唯一方式了。

他说："别人无法理解钓鱼，但对于我，这就是我的生活，就好像有人觉得吃冰淇淋是排遣烦恼的一种方式，而我的方式是钓鱼，无关什么热爱这样高深的词语，就是一种生活。

"初中的时候，我们集体外出，如果碰上有河的公园，我就会带着鱼竿，一开始连班主任都惊讶于我有这样的癖好，后来久而久之，就默认了。

"学生时代，无论多忙，我每个周末都会去公园钓鱼。我父亲也曾经反对过，他一度觉得钓鱼是纨绔子弟的样子，高中的某一段时间，他没收了我的鱼竿。我内心其实并不拒绝父亲的做法。可我突然发现自己找不到一种节奏感了，你知道生活的松弛有度吗？我的成绩依旧很好，可是生活却失去了原来的味道。

"我和父亲说：'如果我每次考试都能保持全班前十，你能不能把鱼竿还我。'

"父亲点点头。"

后来，他成绩一直在全班第五名左右徘徊。

到了高考前的一段时间，他甚至于每天都到公园钓半小时的鱼，其实，什么都钓不到，他的水平和从前一样，一点都没有提高。但有一点可以肯定的是，他拿着鱼竿坐在岸边，就能平复白天所有紧张的情绪，而钓完鱼，又可以精神饱满地继续学习。

工作之后，生活好像比他想象的忙很多，加班，甚至通宵加班。但周日，他一般会准时出现在城郊外。一个人开一小时的车，一个人坐在岸边，看着湖水，安静地坐一整天，什么都想，也什么都不想。而在岸边钓鱼的时候，他发现有许多和他一样的钓鱼者，彼此早已熟识，彼此又沉默不语。唯一确定的是，钓鱼从来没有影响过他的工作，因为它就是他生活的一部分。

他曾经有一条签名我很喜欢：我的生活从来不是谁的生活，只是我的生活。

生活中，我们有一个默认的定理是：所有我们的生活其实都是我们的选择。但我从来都认为，我们可以多一个让生活更有质量的标准是，这样的生活，到底是不是你想要的，又或者说，是让你觉得满足还是觉得疲惫。如果你甘之如饴，那么说明在你的生活中并没有什么不妥；而如果你感觉到一种由外而内的疲惫感，那么你就需要重新审视自己了。

两年前，我一周要给两个报纸写专栏，给两个报纸供稿，那一年，我 28 岁。其实，于原来的我，是一件特别高兴的事，毕竟这代表了一种认可，也让我在稳定的工作之余又收获到了一份稳定的收入，这份收入可以维持我日常的开销。半年内，我几乎放弃了所有工作日的夜晚，写字、读书，而渐渐地，我发现自己开始厌倦甚至烦躁。我的厌倦并不是来自于文字本身，也不是来自于编辑，而是从我自己身上，我发现自己的知识储备和阅历并不足以让我继续支撑下去，文字的质感也大大降低，从中表现出的焦虑感又让我开始了整夜整夜的失眠。

后来，我和编辑沟通，放弃了一个专栏，变成了供稿人，其他的稿件也从一周一篇减少到两三周一篇。有朋友曾经私下和我说，其实也真的不必那么较真于文字。我明白她的意思。而我和她说，如果写不出好文字我宁愿放弃，编辑和读者都不是傻子，这是我放弃量而关注质的原因。另一点更重要的原因是，这样的写稿频率已经严重影响到了我的生活，我发现自己开始跟不上它的频率了，我们不在同一个频率上，其实，矫情地说，于我和文字都是一种痛苦。后来，有编辑说，其实那段时间，他也特别为难，因为总觉得我的文字有一种焦躁的情绪，还好我及时发现了，没有让他两难。至于调整之后的文字，还是他初初见到的感觉。

我一直觉得，我们每个个体都独一无二，而这份独一无二来源于我们自己的内心。内外同修，日月于心，然后从心而发，从心而做。至于在生活中，试着让自己轻松和满意，我觉得这就是最朴素和动人的存在。

三毛曾说："学着主宰自己的生活，即使孑然一身也不算太坏的结局。不自怜，不自卑，不怨叹，一日一日来，一步一步走，那份柳暗花明的喜乐和必然的抵达，在于我们自己的修持。"在我的范畴里，这是"保持自己的生活节奏到底有多重要"最好的回答。

我努力，是为了让我的本事配得上我的情怀

不知道你有没有一种感觉，有些人的生活在你的身边，就是一堂生动的人生课程，不需要任何导师，也无须教材，她的经历与成长会不动声色地让你懂得那些原来刻在书本上的情节，在生活中就是真实又感人的故事。

比如古丽，我遇见她的时候，我19岁，她23岁，在车轮滚滚的10年之后，她让我看到了什么叫"情怀"，什么叫"本事"，什么又叫相得益彰。

我和古丽认识于图书馆，那一年暑假，我正在焦头烂额地准备高考，她也正准备研究生考试。

高中是我人生最灰暗的时期，因为选了最不擅长的理科，所以，每次理综考试结束，我不得不从30名以后开始寻找我的成绩，不过我依然感谢那时的自己，就算前路再艰险，公式再陌生，自始至终我都没有放弃，然后稳稳地上了二本线。

古丽是一个很漂亮的姑娘，有两根长长的麻花辫，之前，我

一直觉得一个二十开外的姑娘梳麻花辫在视觉上有些格格不入，但看到她，我竟没有觉得有任何的违和感。不可否认，漂亮的姑娘对人天生有一种吸引力，虽然我也是个姑娘。她的出现，让我在图书馆的日子，好像就不那么无聊了。

古丽那个时候在准备研究生考试，她后来与我说，她准备考试，并不是真的想在学术上有所造诣，她也自知天赋不够。她只是为了经过一个系统的学习，一则使自己的大学学业不至于太糟糕，二来也不浪费大好的时光。

"你也知道，大多数人的大学时光就是睡觉、吃饭、恋爱，最后考前突击及格。"她说。

每天我们都做着同一件事，早上十点在图书馆见面，十二点一起去吃午饭，下午五点一块回家。回家的心情，总是轻松的，她和我天南海北地聊她的理想，其中的一个梦想是拥有自己的一家旅社，白天看书、和店小二一起打理小店，夜晚就坐在天井里数星星，抑或是和好玩的顾客一起聊天。如果有一只肥猫，当然是最好了，看它穿过花园，在树上闹腾，虽然脏乱，但一定是生动而有趣的。

那时，听到这些，脑海里出现的只不过是一幅好看的场面——有她，有猫，有许多人。所有的布置一定如她一样，美好而干净，井井有条。

我那时想：这个日子过得有点像三毛，只不过她在沙漠，而古丽在我身边而已。

后来，我成了她的学妹；她毕业了，可没有考上研究生，说不沮丧肯定言不由衷，毕竟没有得到一个好的结果，之前的付出也有点像浪费时间。有一段时间，我们都没有联系，直到有一天，她给我打来电话，说找好了工作，到一家广告公司做设计。我才礼节性地说了一句："恭喜，也挺好的。"

之后很长一段时间，她都是销声匿迹的状态。她入职前的一星期，是我暑假的末尾，我懒洋洋地在家里睡觉，感觉是睡了一整个暑假，任何邀约的信息，都可以让我瞬间兴奋。她打来电话说："我们图书馆门口见吧。"

那一天，我高兴地蹦了起来，没有缘由。

我以为是她习惯于图书馆这个地方，于是，我站在图书馆外，朝着车来车往，看人来人往。可在约定的时间，我看到她搬着一堆的设计书、英语书，从图书馆出来，再放到自行车上的时候，我有点惊讶："古丽姐，你也太认真了，理论和实践不一样的。"

古丽转过头与我笑笑："没事，多读一些，也是多准备一些，毕竟设计这回事，我没做过。"

现在回头想想，有一句话是：虽然努力的人并不一定会被命运眷顾，但幸运的人一定是努力的人。这句话真是格外励志。

路上，她推着自行车，说到兴头上："你看，我去做设计这门活也挺好。既可以赚钱，未来要是有自己的旅店了，还可以自己做设计。"

我点点头。那时的心里，对未来有许多个不确定，比如关于她的旅店的梦想，我一直觉得于她，就是一个遥遥无期的"梦"。

我几乎是看着古丽一路冲进了设计，义无反顾地像爱着自己的孩子一样，全身心地投入，不辞辛苦。当时的她很符合那句话：千万不要小看一个姑娘努力的决心。

第一年，我记得整整三个月，她为了一个项目，没有过一天的休息，每天都是加班、加班、加班。用她的话说，她几乎每天都是在公交车上看着太阳升起的，可是，白天的太阳并不属于她，只有夜晚的星星，才是属于她的。

那个项目做得很辛苦，几乎榨干了她身上所有的肥肉。第一次做一个 200 万的项目，她说生怕因为自己的一个不小心，让所有人的努力付之一炬，还好，连轴转几十天的工作成果，让客户很满意。

因为还在实习期，她只能拿到原定提成的 30%，而另外的 70% 归于设计主管。不过没关系，她的老板，也是从那一个项目开始注意到她的。

其实，她在广告公司的这些年，我们的聚会明显少了很多。我开始有我自己的生活圈子，有了大学里的同学，素日里读书、上课、写作占了我大多数时间，无暇顾及其他许多；而她也一门心思扑在工作上，每一个我熬夜写稿的夜晚，都可以看到她的 QQ 是在线的。

大约是因为有过一段"鏖战备考"的战友情谊，每一个重大节日，我们都会约着见面。

当时我并不懂古丽具体的工作，我只说说那些年，工作带给她的改变：她开始化妆，由马尾辫变成了齐腰的直发；她开始喷上千元的香水，也都会在吃完饭后补妆；她开始不再为了一顿饭究竟花了多少元思前想后；也可以不露声色地买下一件几千元的大衣。在她辞职前一年，我听到有人喊她：某总。

但有一些事情，是不变的：她在吃饭的时候，都会把手机调成静音，然后专心吃饭，吃完饭后，再把漏接的电话一个个地回复过去，在她看来，世界上没有什么事，比一顿饭更加重要。她席间谈论工作的时候很少，大多数时候，她会谈谈她的生活，以及去了什么地方，未来有什么理想。那些年她的休息时间，一直在古镇行走，大理、凤凰、丽江、乌镇，她几乎把所有有古镇的地方都去了，她说，她想开一家旅店。

她似乎在工作中风生水起，所以她与我说的一切与梦想有关的事，我都一笑而过。人在状态最好的时候，珍惜自己已经拥有的，似乎比其他一切都重要许多。

如果没有之后发生的事，我是不会相信，这个世界上，于我们这些普通人之中，也有为了理想全身而退这件事。

2012 年年底，她辞职了，离开这座城市，这之前，她在江南的一个古镇租下了一套三层楼的别墅，决定开一家旅店。

我听到这个消息的时候，惊吓好像比她离开的难过多了许多。那一年，是我工作的第二年，她给我打电话的时候，我正焦头烂额地与百姓奔波在田头地间。

电话中她说："我和你说一件事，可能会有点意外，但你要做好心理准备。"

我下意识以为是闪婚，脱口而出："你也太快了，这么快就结婚了。"

古丽说："不是，我辞职了。"

好像是因为她要走，于是我整一天都沉浸在悲痛中，晚上的聚餐上该怎么和她告别的说辞，也想了无数遍。

"你为什么要走啊？"遇见她的第一句话，我还是暴露了自己的心声。

她说："因为我觉得是自己开始走自己想走的路的时候了。"眼前的她，一脸的坚定，不得不说，这些年的日子也辛苦了这个姑娘。但她说那一句话的时候，脸上是有光芒的，未来在她眼中，闪闪发亮。

2013 年年底，我去她的旅店。

冬天的古镇的周末，没有太多的人，当地的百姓一个个地坐在门口，围着围巾晒太阳，悠然自得。我背了一个大书包，被一切好玩的玩意吸引得不得了。其实，这也是古丽理想中的古镇的样子，恬静美好，想来，平时没有游客的时候，只三三两两的闲人，会让这里更加安静一些。

走在古镇的路上，一个姑娘扎着两个小辫子，走在我的前面，她懒散地拖着步伐，仿佛所走的每一步都是散步而已。我心想着：这个背影，实在是像极了初初见到古丽的模样。

我举起相机，按下快门的那一刻，姑娘转过身来，是古丽！

她跟我笑笑，虽然已不是第一眼见到她的模样，可是，褪去妆容的她，还是从前清澈的样子，会与你肆无忌惮地笑，从来不害怕眼角的鱼尾纹，又时刻想给你一个拥抱。

笑容是不会骗人的，这一年，这方水土终归是滋润到了她的生活。

她把自己 80% 的积蓄，献给了这个旅店。

旅店是理想中的样子，简洁、干净、纯粹，她仍旧同过去一样，不喜浮华，清淡如水。一个大大的书柜，陈列着所有她所爱着的书，一个巨大的沙发，懒懒地躺在书架边，沙发的茶几上，还放着她刚翻过的半本书。后花园里的肥猫满地打滚，店小二正在收拾打碎的花盆。

虽然没有什么寒暄，但是好像有千言万语，可又不知从何说起。

"像不像我从前给你描绘的旅店的样子?"她一边给我倒水，一边与我说。

我说:"很像，我是指很像你理想中的生活。"

她说:"初初我也承认自己固执，过于理想化，甚至有一种大无畏。可后来我想啊，当你有能力实现自己的理想，却不去试一试，好像有些过意不去。"

那一晚，我睡在她的房间里，雪白的墙壁，悬挂得恰到好处的油画，没有电视机，也没有 wi-fi，我和她坐在窗台前，开着窗，一边聊一边看漫天的星星，好像回到了七八年前的梦。而那一场梦，如今成真。

三毛曾说:"我唯一锲而不舍，愿意以自己的生命去努力的，只不过是保守我个人的心怀意念，在我有生之日，做一个真诚的人，不放弃对生活的热爱和执着，在有限的时空里，过无限广大的日子。"

"我努力，不是为了证明给谁看，不过是为了让自己在踩着这片土地的时候，依然可以仰望星空。"有一次，我写作的时候，无意间写到这句话，我发给她问:"形容你合不合适?"她给我回了一条:"哪有那么多虚妄可言，我努力，就是为了过上理想的日子。"

是，一个人最好的状态，就是当你的本事配得上你的情怀，你可以从容不迫地与岁月相处，而你心中所有的幸福，这些时光都给了你。

假如我们一辈子没成功

耶茨有一篇名叫《自讨苦吃》的小说，里面的主人公沃特，从年少时就开始扮演那个蜷着身子滚下山去的失败者，他似乎骨子里就喜欢那种失败的感觉。在后来的工作中，他被老板开除后，也并没有太伤感，他开始用一种享受失败的精神疗法治疗自己——一边在街上乱转，一边拼命地找工作，一边向家里撒谎，一边又不小心露了馅。许多人在点评沃特这个人物的时候，都以"妄图享受失败的男人"的称号附加于他，可是，在读完的那一刻，我却只觉得一种荒凉——一种平凡人失败后的荒凉和对人生最大的妥协。

我之所以说这个故事，是因为前段时间，我的一个朋友又失业了，那一晚，她在朋友圈里更新了一个状态："假如我一辈子都注定失败，我也要勇敢地走下去。加油！"

失业这件事是她后来同我说的，她不敢告诉家人。每天她拎着笔记本在以往上班的时间准时出门，坐在城市咖啡店的门口，蹭着网找工作，又在回家的时间准时出现在父母面前。她只希望能够悄无声息无人察觉地度过这段短暂的没有工作的日子。

我说："加油，每一个不曾起舞的日子，就是对生命的辜负。而你努力了，成功或失败就交给命运来安排吧！"

老实说，她是一个特别努力的人，可是好像从来没有被幸运眷顾。学生时代的作业，她总是第一个完成，用了许多时间找资料，整理成厚厚的两三页，可是优秀作业永远没有她。考试之前，她从不临时磨枪，一般提前半个月就开始出入图书馆复习，到了考试前几天，连午饭的时间都舍不得花，用几块饼干了事，可是学业优秀生和奖学金也永远与她无缘。毕业那年，她备考体制招聘，整整准备了一年，在笔试结果出来的时候，分数远远低于面试分数。她从来没有问过我，为什么别人努力了有成绩，而自己没有之类的话，她只是在一次努力后的失败再一次继续努力。

她的失业包括这次都不是主动辞职，也不是老板炒了她鱿鱼，而是她不幸接连地遭遇到了公司的关门。第一份工作，她在我们城市一个小型的互联网公司上班，每个月1000元的底薪，每拉到一笔业务，可以有5%的提成，她就这样没日没夜地为了客户的广告方案做策划，也偶尔为了业务与客户喝酒，可是，五个月后，老板在没有任何通知的情况下，关了网站，遣散了所有员工。这是她第一次失业，对她好像并没有什么影响，只觉得工作路上确实也会有这样的挫折。

她的第二份工作，是在一个快递公司分点打杂，月收入5000元，这个收入并不低，她已经足够满意，用她的话说，"当没有足够的钱维持生计的时候，我不知道学历和梦想到底是用来做什么的"。快递点的工作量很大，分站只有她和老板，她负责统计单子，老板负责外面送货，每天工作至少 12 个小时，遇到"双十一"，更是忙到腾不出手脚，但她并没有怨言，甚至经常感激于老板偶尔送她的一个 kindle，或是带她去吃酸菜鱼。但今年，老板因为觉得做快递太辛苦，改开出租车了，而她就这样又一次失业了。

许多人会质疑她是不是用错了劲，努力错了方向，导致自己一而再，再而三地面对学习和生活的失败。可是，谁又能说哪一条路一定是通往成功的道路，而哪一条又必定是走向失败的呢？事实上，于我们大多数人来说，成功是一种偶然，甚至是可遇不可求的，我们会过的只是平凡的生活，在失败中爬起来，继续过平凡的生活。

经常有人私信我：如何让自己达到自己预想的成功？我知道，他们是想问我努力的方向，抑或是安慰他们将来一定会成功。一直到有一天，有一个叫 H 的女生给我写了一封邮件问我："你那么努力地写作，如果一辈子就这样平凡，且无声无息，会后悔自己的付出吗？"我忽然意识到，许多时候，一旦有人一针见血地指出问题，答案以及未来的结果，还是藏在自己身上。

父亲在我初初写作的时候，就告诉我一个事实——我的性格决定了我会过着永远四平八稳的生活，就像是云天里的阳光，并不会那么不耀眼。父亲的这一盆冷水，让我在之后的写作中，始终抱着一种"成也好，败也好"的心态，人一旦不渴望成功了，对许多身外事就显得格外随意。比如一些编辑曾与我开玩笑，问我如果没有通过稿件，会不会很伤心。我说，我认真写完一篇稿子，这件事其实就是结束了。而之后的结果，我早已把失败视正常，成功当恩赐了。

《纸牌屋》里有一句话："一个人的品行，不取决于他如何享受成功，在于他如何接受失败。"一次，我在闺蜜群里发了"假如我们一辈子不成功"这句话，T小姐说："假如我们一辈子没成功，我们还是可以开心地坐在小餐馆里狂吃。"包括我，包括在我周围的许多人，都有可能遭遇一辈子不成功的尴尬，勇敢而坚强，开心而豁达，就是我们对命运最大的和解。

假如我们一辈子不成功——用村上春树的话来回答：要平安无事地活下去。

没有永远的离别，只有不愿后会有期的心

　　与小米的告别是在许多天前的傍晚，我开着车，载着她还有她的一个大箱子去火车站，同车的还有一起送别的几个姑娘。像是从前的某一天，她去旅行，我们坐在出租车上，互相聊着近况。

　　离火车站很近很近的时候，同车去送别的一个姑娘突然哭了，我的心酸酸的，意料之中，紧跟着另一个姑娘也哭了。我手足无措地开着车，这是我想了许多次的场景——我们即将抱头痛哭的场景，终于还是要发生了。

　　透着后视镜，小米的眼泪也在往下掉。

　　小米终于还是要走了，我记不清她是第几个离开我的朋友，却是最近我听说她要离开，心里最震惊也最空荡荡的人。那一夜，我一直听着陈升和张艾嘉的《戏雪》："1948 年，我离开我最爱的人，当火车开动的时候，北方正落着苍茫的雪，如果我知道，这一别就是四十余年，岁月若能从头，我很想说，我不走。"

　　一直到天亮，我辗转难眠。我在朋友圈里发了一个状态：

"有时，自己好像一个忘记了时间的钟，喜欢一成不变又懒于承认，只是因为习惯了当下的日子以及怀念你与我。"

24岁，她毕业后留在这座城市，我陪她走了大半个城市，找到了她后来住了五年的房子；她母亲每次来见她，她总会约上我，热情地介绍说，我是她闺蜜。

26岁，她成了她们公司最早升职的年轻人，那一年我还在农村工作，她下了班来单位接我，开着新买的小车，高兴地说，这里是她的福地。我说："真好，福地欢迎你成为永久居民。"她笑着举杯，然后，沉默了。其实，我也知道，作为一个农村出来的孩子，她的母亲一直希望她能够早点结婚，换言之，如果能回家就更好了。而这里，安慰她的唯一理由是——还算不错的成长环境和发展前景。

这一次，她离开这座城市，内心是笃定的，因为前段时间，她的父亲查出了癌症早期。癌症早期是可以控制的，被查出也是幸运，她忽然觉得，她作为女儿已经不再是从前那个任性的孩子了，而是要成为分担家庭责任的一分子，并不只是经济，更多的是情感。父母在，不远游，她说，可能这个决定也真的很突然，可她只想与父母有生之年在一起的时光尽可能地变长。

我说："好。我支持你的决定。后会有期。"

检票口早已是我们的终点，一个发展的城市总是有它的弊端，比如没有了月台，比如不能目送着火车离走，比如最后在一起的时间也会无限缩短。她和我们一个个拥抱着告别，电视剧里的场景发生也真的不意外。她们哭作一团，轮到我，我和她说："放心，我们一年聚一次，我会来看你的。"小米的眼神里的光，突然除去了一种分别的难过，她笑着说，像假期一样值得期待。

从学生时代，一直到如今，离别成了一件越来越自然而然的事，我不止一次经历着送别的事。高中毕业的时候，送好友去车站，他们要去远方求学，去寻求生活。大学毕业的时候，拎着他们的大箱子，和他们告别，祝愿他们前程似锦。大约是像我这样一个从来没有去远方居住的人，从来都只是站在月台下眼泪直流，却没有机会跟着火车去看远方的风景。一开始，母亲看到我挂着眼角的泪痕，总是问我同样一句话："今天谁又走了？"这话听着，真像是参加了谁的葬礼，倒也真的像是友情的追悼会，那时流行一句话：有些人送走了，可能永远也见不到了。

只是，送别多了，就有了别人没有的经验。算是离别后的经验。许多年里，我发现，许多曾经离开的友情，你有心经营，依旧可以细水长流，除非你真的在离别的那一刻删除了对方，抑或是你早就一干二净地忘记了友情。否则哪怕天涯海角，在这个四通八达的世界，相见也真的只是时间问题。

我学生时代的好友，真的算是遗失的好友，在几个月前被我找回来了。找到的中途特别曲折：是她在朋友圈中看到有人分享了我的文章，然后循着公众号，找到了我。那一刻，我其实有点害怕是不是认错人了，直到她叫起我那个只有我们才知道的昵称，我才确定是她。

初中毕业的时候，她去另一座城市读高中，然后又去了国外留学。那个时候，交通并不发达，几十公里的路程都被认为是如此遥远。自然也没有手机，留的电话是座机，若干年后，找不到同学录的时候，就发现把人彻底丢了。其实，我也曾经试图找她，可是我和她没有共同的好友，一直到流行一种校园社交平台，我输了好几次名字都没有找到她。我以为，是真的不会再见到她了。

这样重新在一起的方式，让我真的觉得感激，感激这个世界与缘分。

前几个月，她休假回来，我和她约在一家咖啡店见面。见面的前一天，我整整一个晚上没有睡着，不知相见时该从何说起。我料想着，十多年过去，两个人显然早已不是从前的模样。我化了很久的妆，岁月渐长，化妆早已不是为了给谁看，而是为了掩盖痕迹而戴上自己亲手绘制的面具。然后呢，又从衣柜里拿出最贵的衣服，不是想说，自己这些年过得很好，而是觉得自己在参加一个盛大的仪式——名字叫"重逢"。

"你是我这一年一定要找到的人，我想你可能这些年写了很多文章，所以我在网上找你。可是，你也知道的，生活真的太忙碌，忙碌到我甚至没有时间常常把那些搜索引擎翻完，找到或许可以找到的联系方式。然后过一段时间，又重新开始查找，接二连三地做着无用功。真的很像那些阔别多年找旧情人的桥段。"她看着我，一字一句地说。

我说："我也找过你，可是你的名字太普通，输进去一大串，一看就知道不是你。"我们相视而笑。

那一夜，我们没有什么促膝长谈，就是看着对方的眼睛，说着最普通的事，也可以感动到泪眼朦胧。

后来，我送她去机场，她说可能要很久很久才会回来。我说："我孩子还小，不能赶很久的路来看你，但明年的某一天，只要你回来，无论多忙，一定相见。"

周围的人总是奇怪于，为什么那些好友会在某一时刻来到我的城市，赶着火车来，就为了吃一顿饭，但他们却不知道我们时常触景生情地联系，而不仅仅是朋友圈那个点赞的人而已；也纳闷于，我会因为某天的誓言，一有空就会去某一个城市。我很少与朋友说"有空来看你"之类的话，我更爱说"明年某月见"，而那一个月，就是我日记本里永远不会擦去的日子和一定要兑现的誓言的时间。对于友情，对于爱情，对于所有的情感，我都不喜欢过度地悲喜，所以许多人在第一次遇见我，总会评价我：过于淡然的女人，长着一张并不值得深交的脸。然后呢，在细水长流的日子里，发现感情里"平平淡淡和扎扎实实地相处远胜于所有的甜言蜜语和海誓山盟"。

我一直觉得，有心，是离别后友情最好的维系。而所有的有心，从来不该是泛泛而谈。很喜欢张爱玲的一段话："于千万人之中，遇见你要遇见的人。于千万年之中，时间无涯的荒野里，没有早一步，也没有迟一步，遇上了也只能轻轻地说一句：'哦，你也在这里吗？'"

没关系，我真的在这里。

其实，这个越来越小的世界，早已没有千山万水的阻隔。你永远迈不出的脚步，你们永远无法相遇的此时此刻，不是因为忙碌，而是因为放弃。

而我也相信，这个世界，除去生死，没有永远的离别，只有不愿后会有期的心。

小米走进检票口的时候，我隔着偌大的玻璃望了一眼她瘦小的背影，她回头和我们招了招手。我点点头，心想着："没关系，你是我永远想在一起的人，天涯海角便总有一天会相遇。"

你当温柔，但不是妥协

"温柔要有，但不是妥协，我们要在安静中，不慌不忙地坚强。"这句话是我在前些日子读林徽因的文章中看到的。

那一夜，我在翻林风眠的画、看莫奈的图，我调解自己的方式就是如此。许多年来，我不再那么喜欢吐露自己平凡的情绪，读书和写字成了我的出口，可我又愿意在"山雨欲来风满楼"时，用自己单薄的力量，做最后的努力。

或许，我也渐渐觉得，温柔，是面对自己最好的方式；不妥协，也是。

大学实习有一段时间是在一家广告公司，带我的老师是一个比我大六岁的女孩S。

这个广告公司，有非常森严的利润分配制度，也就是一单业务，设计人员与业务人员总共可以获得20％的提成。老板为了方便私下部门之间的沟通，让业务员自行与设计员对接。两个人的分成由彼此商定。用老板的话说：重金之下必有勇夫。老板天生是自私的，不过老板愿意给员工更多的钱，没有人会走。据我了解，这家公司，除了辞退的员工，三年没有一个员工主动离职。

我记得有一个广告设计费大约是 20 万元。S 带我去谈业务，差不多与老板约见了三次，就定下来了。说实话，谈业务是一件辛苦活，专业方面我没有太多经验，我负责约时间、敲合同、定方案，来来回回改了不下 20 遍。约老板六次，只有一半的成功率，席间，还要跟老板拼知识、拼口才、拼智慧，绝对不输任何一档主持人节目，战战兢兢，最后幸运拍定。

S 这次与公司的一个资历比较深的设计师合作。内部签分成合同时，设计师突然间改口要从原先的 12％增加到 14％，并要求报销从设计开始到结束所有的相关费用。

S 说："如果合作愉快，我们下一单有业务的时候，可以继续合作，并重新谈分成条件。但这一次，不可以毁约。"

设计师听后转身离开，S 笑了笑，转身递给我一瓶牛奶，我们席间放松的时候，总是用这个方式。

过了两天，S 把这个业务给了一个年轻的设计师。

后来我问 S 为什么不和他继续谈条件，毕竟一个大项目给年轻设计师，终归是需要冒风险的。

S 说，要知进退，也要懂分寸，更不要随意妥协。没有人会感激你的随意妥协，他们只会懂得得寸进尺。

我常常在想，17 岁的我，一定不会预料到，30 岁那年，我穿着最简朴的服饰，不事雕琢地把自己深埋在高高垒起的公文里，电脑荧屏上是不断生成的文字和整理得井然有序的案卷。

但我始终不会让工作随意蚕食我的梦想，就算我有一天会累到倒下，我也要直起腰板，矫情地用短暂的时光，过一段自己想要的日子。

其实，我从小到大的梦想，是当一名自由职业者。我永远记得，少年时代的写作课，每个人都要写关于未来的理想。谈到我那篇文章的时候，老师说："我觉得这篇文章很好，可是立意不行。自由职业者，是天天在家发呆，在外闲逛吗？"当时的我，像个犯了错的孩子，接受了老师的质疑。另一个接受质疑的，是我的好朋友，当年，她的梦想是成为一名卡车司机。

重新写作的时候，我还是把自己写成了一名自由职业者。然后，老师把我叫到办公室，似乎对我的顽固不化需要重新审视，也需要为我树立人生正确的价值观。她说："你看，她写了老师，你怎么还是写着'自由职业者'呢？"我没有作声。然后，我得到了人生中作文的最低分。

我后来想了想，那时的我，可能真的太喜欢自由。那些年，我时常在下课的时候，一个人在操场上散步，身边跑过的男生成群结队，可我还是喜欢一个人，50 米的操场，走三圈就上课了。如今在一个人写字的夜里，依然可以在窗台回味到那种冷风吹过的随意。

许多人问我：为什么工作之后还要写作？为什么生了孩子还要写作？

无关坚持，只是我始终不愿意与梦想妥协，哪怕遥不可及。或许也是我多年来为什么再冷的天，一旦写字，一定要开着窗。因为开着窗的时候，你的心就不会局限在小小的空间里，你感觉自己是为自己开始了工作，并过上了自己喜欢的日子。

没有谁天生为谁而生，一定要说，也只是自己。平生最钦慕的人，是那些表面温和，却坚定不妥协的人，为生活、为工作、为自己，都是如此。

三毛曾说，人生一世，也不过是一个又一个 24 小时的叠加，在这样宝贵的光阴里，我必须明白自己的选择。

一生短暂，我们无可辜负的，是日复一日的时光里，渐行渐远的自己。用桑德拉《芒果街上的小屋》里的一句话来说，"于是我们取我们所取，好好地享用"。

还有，我们温柔地，不妥协地面对一切。

我努力生活，不是为了感动谁

村上春树曾说，"世上有可以挽回的和不可挽回的事，而时间经过就是一种不可挽回的事"。也许，不负光阴就是最好的努力，而努力就是最好的自己。

前些日子，农村的表哥在县城买了一套房子，认识的人都在庆贺他：在不到 40 岁的时候，成为当地最好的酒店的总经理；买下了一套价值 200 万的房子；出入有生活秘书，无须再为任何生活琐事操心。顺带着父母也与他一起，过起了"五天城市，两天农村"的日子。一个人的红红火火，仿佛使一家人都扬眉吐气。

有人与我舅妈说表哥真是争气。舅妈高兴得合不拢嘴。作为最普通的农民，除了田地，唯一的希望就寄托在了自己的孩子身上，其实，像我们的上一辈，谁又不是全身心地把爱砸在孩子身上，孤注一掷。

表哥家曾经过得非常辛苦。我记得表哥小时候来我家的时候，从来没有拎过任何包，时常是用塑料袋，带着一些他们家的蔬菜，蔬菜的泥巴沾满他的裤腿。脚上的白球鞋总是带着补丁，而这块补丁总是脏得格外快。我妈每次看到他总是格外心疼，而他的那一句"没事没事"，腼腆而又坚毅。他家呢，就是农村最普通的平房，一张床，一口灶，一张桌子，一台收音机，一口柜子，就是全部。我去他家的时候，总看到他坐在门口写作业，写到天黑了，再进屋。他是舍不得开灯的，常常点着蜡烛做作业，庆幸的是，他的眼睛一直到现在还没有近视。

人的拜高踩低也不是一朝一夕的事。那些年，所谓的邻居，每每在我与表哥在门口说话时，总是没好气地说："两个野孩子，吵死了！"然后一把把门关上。有一年冬天的雨天，因为出门忘了带钥匙，我与表哥站在一户邻居的廊檐下避雨，邻居嫌我们挡着他们家的光线，吼着让我们走开，我和表哥就靠着家里的门，裸露在外面的半个身体一直淋了两个小时。

他那时会常常说一句话：日子总是会好起来的。

表哥的成绩一直很不错，中考结束后，他选择了中专。舅舅是第一个不同意，觉得再苦也不能苦孩子啊，拖着他去学校改志愿，他说，没事，上了中专，只要努力，也不会太差。对于一个清苦的家庭来说，能够早点分担家里的负担比所谓的高学历重要许多，中专毕业后，他成了酒店最普通的服务生。

不得不说，那一句"穷人的孩子早当家"真的有一定的道理。在酒店的初初几年，表哥从包厢服务生到厨房后台，再到大厅前台，几乎把所有的岗位都做了一遍。你一定很惊讶，为什么老板愿意让他去做每一个岗位，因为下班之后，他主动要求去每个岗位帮忙，甚至参与配菜打杂、卸货这些和自己工作根本不相关的别人也最不愿意干的事。每个假期，他都没有休息，包括过年，整整五年，他都没有回家过年，而是在酒店里忙里忙外。他也有他的私心：尽快地升职，改善家里的条件。

他在六年内几乎完成了两连跳，又在第十年出任了总经理，出入高档场所、买车、买房，一切都如他所愿，似乎比他所想来得更快些。随之而来的是，那些邻居也都变成了熟人，热情地招呼表哥家的任何一个客人。

某一天，我们一起坐下来喝咖啡的时候，聊到这些年走过的路，我说："你也真的算是争气，特别为你父母长脸。"他说："我现在的成绩，并不是为了给谁看，也不是为了证明什么，只是希望测试一个真理——'生活，是不是你努力了就会有好结果'。"那一晚，他抽了很多烟，我依然可以看到二十多年前第一眼见到他的样子：细小的眼睛，总是笑眯眯的，满身的泥巴，手里的蔬菜袋子，小小的身子，说着，"我可以，真的，我可以"。

卫小姐是我中学时代的朋友，她大概是学生时代与我最亲密的朋友了吧。大学毕业后她去了一家外企，老实说，这些年，除了看到她的微博偶尔在转发一些信息，几乎很少在社交平台让我们了解她的生活。而我和她的招呼，也仅仅限于每一个节日友好地问好。

上个月，我们同学聚会的时候，兴许是好久不见了，我与卫小姐相约，希望她能参加。她高兴地答应了，于是，这成了我与她多年之后的第一次约会。

等到的她真是让人惊艳：原本肥胖界的她全然去了一身的赘肉，精干动人。她原来就长得美，只是因为一身肉让人给忽略了，一双深邃的眼睛在瓜子脸上闪闪发光。一个人的外表足以证明她这些年到底过得好不好，递过来的名片是一堆英文，下面几行中文，同行的人说，"看不出啊，都注册会计师了"，卫小姐笑了笑，充满着职业的自豪。

一个人的美好，从来不需要刻意展现，当她坐在你身边时，你就可以感受到她散发出来的品质。卫小姐坐在我的身边，我们高兴地举杯，又有节制地喝酒。当下她在一个外企工作，已经在H城这个寸土寸金的地方付了一套房子的首付，她说，每个月付完房贷，也还能过得马马虎虎。她的"马马虎虎"能听出有许多谦虚。

她似乎早已训练有素，在酒桌运筹自如，有分寸，不失礼节。

忽然间，老黄举起了杯子，冲向卫小姐，"卫，你说，你现在变得那么好，当年的老乔会不会后悔啊！"老黄这个危险分子一喝多就开始说胡话，他口中的老乔，是当年卫小姐倒追的对象，可惜老乔是个"外貌党"，当着全班同学的面，在一节自修课，大吼了一声："长得跟肥猪一样，还是好好读书吧！"卫小姐的情绪一下失控，整整哭了两节自修课，而后好几天都没有吃饭，老乔没有一点自责，此后一群男生走过卫小姐的座位，也总是斜着眼。

场面一时有点尴尬。

卫小姐说："我奋斗了那么多年，真的不是为了和他一起坐着喝咖啡哦！"说完，和老黄碰了下杯子。一个人一旦有了底气，就有了干戈化玉帛的能力，仿佛一切局面都在自己的掌控之中。

年少的时候，我很喜欢写作，我最高兴的事，从来不是得了多少高分、考了第几名，抑或是拿了什么"三好生"，而是老师能够说"你的写作真不错"。

初一的时候，每个晚上，我做完作业，都会写作。我父母很不高兴，他们觉得这样牵扯的精力太大，而那时我确实把成绩从前五掉到了第十名。但我相信，这绝对不是因为写作。

而最让我诧异的是我当时的班主任。他得知我竟然每天晚上都在写作时，很是惊讶。他与我母亲说，一定不能让我花那么多时间写作，毕竟学习才是最重要的。而在一次自修课，他和我整整谈了一节课，一一分析写作的无用，以及中考的有用，最后告诉我，一定不能再写了，一定不能。数学老师和语文老师也告诉我，除了必要的写作，天天练笔并没有什么用，还问我难道想靠写作吃饭吗？虽然，如今我也可以告诉他们，如果真的让我靠写作吃饭，我也可以解决温饱，但那个时候，我还是把所有的稿纸放进了抽屉。

我再次拾起写作是在 21 岁，我忽然觉得自己该干些什么了，而我终于在那一刻想起了我曾经热爱的写作。我不敢说那时我读的书究竟有没有用，但我几乎把所有的课余时间都泡在了图书馆，读书、写作、给报社杂志社寄稿件。我的一半生活费永远用来买书、打印稿子、买邮票，所以就算那时有零星的稿费，并不足以让我富裕。

经常有人问我：初初投稿，有没有觉得很困难。

我只能如实地告诉大家：很困难，几乎不抱希望。

大概是在两年后，我的生活开始有了起色，开始有报纸约我的稿件，也开始发表我的稿件。我那时常常因为一篇文章，熬夜到两三点，只为了一遍一遍检查错别字；也常常为了考究一句话的出处，翻遍所有相关的书。我曾经的室友常常说，处女座果然太认真。而我只想说，我只是想努力珍惜每一次机会而已。

现在，工作之余，我也常常写字，聊以慰藉我的梦想，也很幸运常常有意外的惊喜，比如读者的鼓励。偶尔朋友圈里会出现点击量很高的我的文章，也有朋友很欣喜地截图。记得一个初中时代的朋友说："当时你们的老师都该为当时的话后悔了吧。"我说，这些已经无所谓了，真的。

事隔那么多年，我早已没有那么介意了。老实说，无论我能在写作的路上做出怎样的成绩，别人是怎样的看法，于我都不重要，我永远记得十四五岁的自己不得不偷偷地写字，而如今可以正大光明地写，这已是多么幸福。

我们从来不知道人生的路有多长，也不知道自己的内心究竟想奔跑多久，但我们却也清楚地意识到，努力地向前走，就是对人生最好的馈赠。我们那么努力，不是为了感动谁，也不是为了证明给谁看，或许只是因为不甘心内心最好的自己被遗弃，而日日夜夜告诉自己永不放弃。

愿有一天，我们能悦纳所有的指点

前几日，一个读者给我留言，她说：新入职的她碰到了一个并不友善的同事，同事联合着许多人把她孤立起来，在背后对她评头论足。她最后说，她真的不明白，为什么同事会这样对待与之没有利害关系的自己？

然后，我想起了一个女孩。她是我的好朋友，我想写写她的故事。关于成长，就是一场与人、与生活和解的拉锯战。

大一实习的时候，我去了一家大型的公司，有 100 多员工，10 个部门。公司有一套完整的公司流程，也有系统的人事制度，以及经营许久后特有的层级规则。

记得我报到的第一天，业务主管正在训斥一个女孩，女孩低着头，一声不吭。事情的经过大概是女孩与一个客户签一笔业务，这之前的工作，公司都已经做完了，可临到签约时，被另一家公司签走了项目。客户的解释是，另一家公司是自己亲戚推荐来的，不好意思拒绝。业务主管最后的一句话是："你能不能不要每天都穿得那么土？"女孩子没有说话，点点头。

后来，我被分配到了业务部门，知道了女孩的名字，那个时候，她还是公司的实习生。那一天，我看到她盯着电脑，一直在落泪。

公司做的是设计，于是我整夜整夜地看到他们在加班。好几个夜里，我加班的时候看到所有的男人都在抽烟，所有的女人都在喝咖啡，空气里的尼古丁和咖啡因交织在一起，有一种独特的味道。这是我若干年后，每一次熬夜都会扑面而来的气味，幻觉，大约就是如此。

业务部门和设计部门是最忙的，在关系到一个公司能够赚多少钱的地方，老板用尽了所有方法让他们赚最多的钱，这无可厚非。

女孩的实习生身份和我不一样，就好比，我更像是这个城市的游客，过两个月就会离开，而她是这个城市的临时居民，过了实习期，她有可能面临着走人或落户生根两个结果。所以她的压力比我更大些。我们成为好朋友，也仅仅是因为我们是这个公司最年轻的两个人。

进入一个公司，你要学会谦虚地把自己放在合适的位置，这个位置一定是你所能接受的最低的处境。你会发现，身边有意无意地多了很多老师。一些老同志会告诉你单位的许多规则；比如我和她承担了打扫办公室、烧水、浇花等几乎所有的杂事；比如，那时外卖行业还不发达，我与她去很远的地方帮大家买快餐，有同事指点说，可以给老板也买一份，因为老板也在加班；比如，有时需要去老板那里汇报工作，同事也会告诉我们，最好是条目式，说内容和数据以及建议，不要穿插自己的感受，也尽量不要评头论足。

他们永远是居高临下地告诉你：你哪里应该怎么做，你哪里做得不好。

但在我心里，每一个愿意告诉你怎么做的人，都是友好而善良的。

当时我有一个感觉，部门主管并不喜欢这个女孩。每次我和女孩路过主管的身边，她都会应答我的招呼，却从来不理睬那个女孩。可女孩依旧坚持和她打招呼，哪怕被侧目，也高高兴兴的样子。

用我当时稚嫩的眼光，哪怕一直到现在，我都觉得女孩穿得不算入时，但也绝对不土，她的眼睛细细长长，嘴型精致，走路一板一眼，有我们年轻人很少见的老成感。她喜欢穿套装，哪怕平时我们聚会也是如此。不得不说，女孩也是有改变的，她常常换一些长裙子，可爱的风格也尝试过，可我还是无数次听到部门主管在背后议论女孩的外表，这是我一直挺不可思议的地方。

好在同事都很好，这大概是她唯一庆幸的地方。最初的时候，他们会帮她检查合同中的不当，也会指出一些纰漏；提醒她在开会的时候坐在什么地方最合适，什么时候需要发言，什么时候需要沉默；他们会在主管议论她的时候一言不发，让这一话题无法继续。这是她直到现在都感恩在心的地方。

只是，女孩也会郁闷，一个直接上司对自己并不友善，事实上比其他部门所有上司都对自己不友善带来的郁闷要多一些。好几笔在最后签约时刻业务黄掉的过错，上司都归结到了她身上，而另一个实习生却可以轻易躲过。有一个月发工资，我亲眼看到她只拿了三块钱，因为所有的奖金被扣完了，一直扣完了基本工资。

我和女孩一起去吃面，我拿着母亲给我的生活费请她吃了一碗 15 元钱的面，女孩在我的面前大哭着说真的不知道自己做错了什么。她和我说了许多我并不知道的事，比如主管在她进单位的五天后，让她抄写单位的公司制度，要求是一字不错，不得有涂改，而另一个实习生并不用这样做；她看到客户来了主动倒水，主管让她管自己做好自己的工作。她不主动倒水时，主管又会对客户说，现在的年轻人，真是不礼貌。

而我，又何尝不知道，那个主管对她的指指点点。

指指点点和指点的本质区别在于，指指点点对人来说，更像是一种情绪的无中生有，而指点，大多言之有物。

女孩吃完面就不哭了。散步时，风把脸上的泪痕擦干，她又开心地走进了办公室加班。

这之后的五天，女孩每天都顶着红肿的眼睛来上班。后来我才知道，她整整失眠了五天，一个小时都睡不着。

一直到我实习结束前，女孩的处境依旧尴尬。我说：你如果不喜欢这份工作，辞职也未尝不可。

她摇摇头。我觉得她真的有处女座的优点，那就是对自己的狠劲永远超过要求别人，不会愿意放弃，因为想要看到未来的风景。

她还是每天加班到最后，还是笑嘻嘻地面对主管，还是习惯在外面的时候哭，却从不在人前落泪。

成长，就是让你遇到形形色色的人，遇见许多你从未遇见的事，然后你开始懂得如何找到最好的答案。

实习期结束后，女孩顺利留下，另一个实习生也留下了。

在双向选岗的时候，另一个实习生选择留在业务部门，而女孩选择去了人事部门。业务主管很高兴，当着许多人的面鼓起掌来。这显然是让她难堪的事，但不得不说，她心里也是窃喜的。

换了一个主管，日子好像就好过许多，女孩说，人事经理是一个很懂得控制情绪的人，你可以感觉到她的亲切，也可以感觉到她与人的分寸感，至少不会如从前一样压抑。

她说，她渐渐发现，不是只要做好自己，就可以让任何人满意，甚至于你总会遇到那么一些气场不合的人，他们有意无意地告诉你，无论你做什么，在她眼中都是错的。

在人事部门，她每天都可以听到更多的闲言碎语，也可以看到一些老员工互相说着别人的不是，就连对方的表情，对人的态度，都可以无限放大成一个故事，被绘声绘色地描述。

她也知道，后来业务部门的主管，偶尔还是会在背后说她的不是，比如说她各类会议通知不及时，比如工资条发晚了，比如说她讲话声音太轻。

除了保持往日的笑容，她心底也不再有任何的涟漪，而是会真诚地说一句"抱歉"，无论对方是否接受。

我入职之前，和她吃了一顿饭。其实我和她走入的是不同的工作体系，我也知道，从今往后，我们面临的是不同的风水场，在她的乾坤里，并不一定有我的乾坤。

她说她有一个心得是，所有在自己业绩里突出，或者人缘关系还不错的人，从来不会介意所有外界的一切，什么功名利禄，什么风言风语，他们专注的是当下的自己能不能在能力范围内做到最好，其他一切随缘就好。

女孩现在已经成为人事部门的主管，业务部门的主管依旧只是主管而已。

我说这话，是特别为女孩高兴，并没有任何嘲讽业务主管的意思。其实，现在有许多老同志也会依仗着进公司比她早，而不把她放在眼里，她也依旧会被人挑剔，甚至比从前更多。职位给她带来的流言好像比从前更多一些，她说她时常劝慰自己：面对指指点点，有时间的话，就去辩论，当作是休息；没时间的话，就自动屏蔽，不要把有限的时间浪费在他们身上。

下午约她一起喝咖啡，她穿着她的套装，七八年以后，这样的套装倒是真的与她匹配。

她说，她也知道，总有一天，她会成为我文章里的主人公，虽然比她预想的晚。其实，生活就是这样，艰难过去之后，会回过头笑着说出来。许多你以为过不去的事，都变得那么简单，工作，从来没有"念念不忘必有回响"。

成长，或许就是悦纳每一个人的指点，也习惯别人的指指点点。而你还是你，一路向前，去看你想看的风景。

对不起，别再夸我是好人了

小石毕业那年，考进了体制。因为路途遥远，父亲给他买了一辆车子，算是代步。

小石进单位的第一天，同一个办公室的老师父问他："下班的时候，去某某地方顺不顺路？"

"顺路顺路。"刚入单位的人，拼命地想给人留下好印象，哪怕不顺路，也想通过这样的方式与人熟络。

而事实是，两人一个城西一个城东。送完师父穿越过整座城市，小石回到家已经七点多了。小石心想：一定要成为一个好相处的人。

这只是一个开始。

每个下班，老师父会跟在小石后面，和小石一起下班，心安理得地坐上副驾驶室。老师父说："小石，你在就好了，以后我再也不用坐公交了。"小石没有吭声，笑语盈盈地想：对老同志要尊重。毕竟论资排辈，无可厚非。

但事情终于开始变得越来越烦琐。老同志逢人就夸小石人特别好，真的特别好。然后，与人交谈完，转头跟小石说："下班的时候，他跟我坐你的车，你帮忙送我们回家。"

所有的事，一旦撕开口子，便一发不可收拾。你会发现，那些希望你永远成为好人的人，不过是希望从中获得利益而已。

小石每天都送老师父回家；老师父朋友多，于是几乎两三天就需要开车送一次他的朋友；有些时候，他也会周末给小石打电话，让小石开车送他去他想去的地方。

小石是一个忍耐力特别强的人。在这段时间里，没有一天下班回家早于七点，最晚的一次，等送完所有人，都已经九点了。为了让父母放心，只用了"加班"搪塞过去。

让小石第一次觉得不能再当好人了，是他女朋友的一句话。

那一天，小石正在和女朋友约会。

老师父打来电话，说，能不能把他老婆送去火车站。

小石说："我正在和女朋友约会。"

老师父的口气差到小石的女朋友隔着电话都能听到："我老婆火车来不及了！"

小石一边说着抱歉，一边听着老师父在对面责怪他的不是。女朋友拉着他的袖子，死活不肯让他走。

女朋友只说了三句话，一，不要让你的好心变成别人的习惯；二，不要让别人的习惯成为你的负担；三，不要被"好人"绑架。

小石突然像找到了人生的方向，内心的歉意顿时被冲刷得一干二净。

这本来就不是一件值得抱歉的事。先人后己的前提是，彼此都不能付出太大的牺牲。别人可以不感恩戴德，但绝不能把你的好意当成理所当然。

第二天上班的时候，老师父像是什么事都没发生过一样。照例向来来往往的客人介绍他是一个好人，然后问小石，可不可以送他们回家。

小石拒绝了："你别再夸我是个好人了，我只想早点回家。"

这之后，老师父便就没有坐他的车子回家了。在一个办公室，两个人天天相见，表情自然有些尴尬，小石反倒感觉轻松了许多。这件事，小石并没有任何错，只是自己的好心让别人成了习惯，于是回归正常倒是成了一种错。

我们都经常会犯一个错——成全别人，委屈自己。

我们不断地想成为别人心中的好人，于是，当好人成为一种常态，你回归了正常就变为了"坏人"。

他们夸你是好人，只是因为你"好用"，而不是"优秀"。"好用"是可以被替代的，但优秀不会。"好用"，只是让你疲于奔命，而别人所谓的"好人"，也只是会让你下一次又不得不全心全意付出而已。

可是，这又能怪谁呢？一切的元凶就在于，我们拼命地想成为别人眼中的好人，却忘了怎样才是一个好人。我们要成为的是这样的好人——成全别人，但绝不委屈自己。

昨天，我下班回家的时候，父亲说，老赵今天在他那里，他儿子说工作辛苦，已经离职了。

老赵的儿子 Kin 是我从小到大的邻居。小学的时候就是朋友，高中之后因为搬家而失去联系，一直到大学才联系上，虽然联系不多，但彼此知心。

他话很少，在我们童年的朋友圈，是个著名的老好人。每次我们打完羽毛球，收拾球拍，背行囊的是他；我们去爬山，觉得热了，所有人的衣服都往他身上放，让高大的他看起来就像是晾衣架；出游的时候，他负责买矿泉水、零食，每次大包小包地背在身上。小学的时候，他比我高两个年级，我们从楼下就能望到他们班级的护栏。有一个学期，我每次仰头，都能看到他在擦护栏。后来，我问他："是不是被老师罚了？"他摇头说："不是，因为学校最先检查的是护栏和外面的地板，老师说，我擦的护栏最干净，所以每天中午，我负责擦护栏和拖地。"

是，年幼时的他就是这样，像个没有怨言的孩子，一脸高兴的样子，为谁都跑东跑西。

现在，Kin 在一家公司跑销售。他是第一个让我相信，不善交际的人，靠着朴实的本性，也可以把产品卖得特别好的人。用他的话说，别人相信你是个好人，就会愿意和你合作。你的诚信体系，比你究竟能赚多少钱，更加重要。

回家的路上，我给 Kin 打了个电话。Kin 说，他打算结束这份七年的工作，重新找一份。

Kin 是有这个能力的，名牌大学毕业生，人长得高大，为人诚恳，又有工作经验。我说："你人那么好，肯定没问题。"

Kin 笑了笑："你不要再夸我人好了。"接着，他给我讲了这么个故事。

就在半年前，Kin 单位的仓库保管员离职。

老板让 Kin 先担任仓库保管员。Kin 很高兴，以为终于可以不跑销售了，满心欢喜地准备换岗。

可老板又补了一句："销售业绩还是要考核的。仓库保管员，你空的时候兼顾就可以了。"

Kin同意了，心想，临时替代也无妨，老板总是会再招一个人的。

于是，他每天白天收发、管理货物，晚上盘货、验货，天天都忙到晚上12点才回家。每个月，老板都在开会的时候表扬Kin："这样的好同志，你们都要向他学习。"但似乎仓库保管员这个职务已经铁板钉钉地放在了Kin头上。

白天顶着快要坍塌的脑袋和客户谈业务，中午去仓库给同事拿样品，下午头昏脑涨地谈业务，晚上继续验货、盘货。这样的形容，是Kin后来和我说的。

日子一天天过。Kin毫无怨言，甚至这期间，他们部门有一次升职机会，老板给了另一个与Kin同一批入职的男同志，那个男同志无论从业务能力还是工作业绩都不如Kin，一时间各种原因众说纷纭。Kin只记得老板那句安慰："Kin，你真的做得很好，只不过……"

Kin没说什么，心里嘀咕着："你到底什么时候招仓库保管员啊，老板。"

但金牛座的他，只是不断地在心中浮过这句话，还是认认真真地做着本分工作，井井有条。

办公室的小姑娘要去生孩子了，老板把Kin叫进了办公室，说："小姑娘的文件和资料你先收着，因为要做档案，你到时先做一段时间。能者多劳！"老板眯着眼睛，让Kin觉得特别恶心。

事实上，Kin这段时间已经明显感觉到自己的身体出现了不适，过度劳累让他的脖子无法直起来，而颈椎的不适又让他的脑袋整天处于一种眩晕状态。

Kin 终于忍不住了："我不想再成为你口中的好人了。我拿多少钱，出多少力。一个人的精力是有限的，你不能把一个人的好说话当成好使唤！"

老板说："你看，我每次开会都表扬你，我都看在眼里呢！"

Kin 说："我今天说这话，自然是想好要辞职了。我真的不想让'好人'压在自己身上，把自己搞得那么累。"

那个下午，Kin 写完了辞职信，觉得特别解气。

Kin 在电话里说："有一种好人是真的好人，有一种好人只是别人眼中的'好使唤'而已。对不起，我真的不想再成为别人口中的好人了。"

是，我们常常在当好人的路上跑偏了，成了"老好人"，成了好使唤。

我们这一生，最需要获得的是自己内心的方向，我们尊重自己的成长，也要尊重自己的内心，我们要懂得拒绝，也要学会放弃。

毕竟，陪自己一生的只有我们自己，我们不要常常让自己太委屈了才是啊。

Part 2 / 你是不是过早死去的年轻人

你是不是过早死去的年轻人？

不！

愿我们都热情地活着，与时间并驾齐驱，身体与灵魂努力在漫长岁月里行进。ever youngful, ever weeping，永远年轻，永远热泪盈眶。

你是不是过早死去的年轻人

罗曼·罗兰在《约翰·克利斯朵夫》中有一句话："大部分人在二三十岁时就死去了，因为过了这个年龄，他们只是自己的影子，此后的余生则是在模仿自己中度过，日复一日，更机械，更装腔作势地重复他们在有生之年的所作所为，所思所想，所爱所恨"。

二三十而死，七八十而葬。

在迎接三十岁的零时，我们走在一条空旷的巷子里，我问老陈："年长了一岁，除了庆贺成长，离死亡好像也近了。死亡，到底什么是死亡？"

老陈沉默了很久，回答："好像近在咫尺，或许已经是了。"

他并没有如从前一般，与我嬉笑，南方的冬天深夜刺骨，存在脑海里的事会在夜晚钻进你的骨子里。我知道他又想起了某一件事，那一天，我们也开始思考什么是真正的死亡。

事情的主人公是我的一对朋友——麦子小姐和她的先生。

麦子小姐和她的先生吵了人生中最惨烈的一次架，就在一周前，在我和我的先生面前，她落泪，咆哮，声嘶力竭。我和先生尴尬地坐在他们对面，不敢离去，也无法劝慰，一瞬间，我们并不相信，就这样目睹了一对小夫妻绝望的对白。

麦子和老胡毕业后，一同进入一家大型企业工作，自由恋爱后结婚，过着朝九晚五的生活，是最普通的工薪家庭，似乎并没有任何惊喜，也暂无风浪可言。素日见面，两人恩爱无比。三四年后，尤其是最近一年，两个人开始彼此有了龃龉。比如麦子，她好几次与我说，每到周末老胡不是睡觉就是打游戏，整天睡眼朦胧，不干家务，也不学习读书，更没什么爱好，总感觉自己与一个木偶活在一起，而木偶上的线，是生活滚滚向前的时间。

我不知道怎么安慰她，只是告诉她，男人嘛，你希望他能做什么，还不如把自己当活雷锋。其实，我也在安慰我自己而已。每一个老陈回家的夜晚，你永远可以看到他一边飞快地看手机，一边不停地按电脑。他很少主动关心你的近况，也从来没有任何爱好，若是你问他，你究竟多久没读书了。他会反问你"为什么要读?"

一个人从来不会因为生活苦而绝望，他们绝望的是根本看不到希望。麦子那一刻就是这样的感受。

麦子说："你知道吗，我每次看到他就特别绝望。我时常担心，一旦离开了工作，他还会做什么?"

老胡脱口而出："我人生的目标就是早点退休啊……反正几乎能看到退休时自己的样子了。"老胡笑着，他根本没有意识到麦子的焦虑，接着说："以不变应万变嘛! 你看你上周进了一批发卡，去学校门口卖，一个晚上赚了 30 元，你觉得很值得吗?"

老胡时常这样开玩笑，可这一次算彻底把麦子激怒了："30元是很少，但是我至少知道尝试，知道如何让自己有生存技能。好，你或许认为我不务正业，工作上，你也不求上进，发文件错别字连篇，写个文字稿词不达意，你也不在意，过一天算一天。领导有看法，同事也觉得无法合作，你那么懒惰与草率，谁愿意与你在一起！"

说的好像也是事实，老胡的脸色也变得有些难看："我没用，那你呢？你认真做好每一件事，可我并没有看到你有什么进步，至少在职务上；你做生意，一个晚上30元，又叫又卖，我还真丢不起这人。成功本来就是少数人的事，轮不上你！"老胡冷笑着说。

麦子哭了。之后的话，彼此已经全然不顾最后的尊严，互相撕下了昔日彬彬有礼的外表，横眉竖目。于是，我们成了唯一的那对观众，一言不发。

人生来就很容易享受生活带给我们的稳定感。稳定是能够给人一种愉悦感的，它至少代表着你不需要头破血流，奔走四方，就可以唾手而得所有原本该有的一切，也代表着你可以后顾无忧地去做你想做的事，因为你所拥有的稳定，就是你最后的港湾。

也很少有人会刻意喜欢一种叫努力的生活，它可能会让你变好，但在没有让你变得最糟糕的时候，你永远希望得过且过，因为过一种"不变"的生活真的太容易了，它甚至于不需要你动脑子，就机械地过完了一整天。

说说我的父亲，他至今仍然感谢他在年轻的时候，学习了一门技艺，至少在2000年下岗之后不至于在需要承受地位带来的差异时，还需要承受经济带来的痛苦。

像我父亲一代人，许多人进了国有企业，原以为可以安然度过自己的工作生涯。在包分配的时代，旱涝保收，没有人会真正在意十年后、二十年后自己需要变成怎样的自己，他们并没有料想到，有一天，也会加入与年轻人争饭碗，用资历去赚钱的队伍。

父亲是个非常内向，非常不会打交道的男人。他经常鼓励我多说话，他也知道，他的不善言辞，有意无意间让他吃过许多暗亏。但他非常努力，他有一个目标，就是一定要学习一门技艺。

他刚入厂的时候，是仓库里宰猪的，这不是什么技术活，身高力大的他做得比谁都快。于是闲暇时，字还不错的他，开始帮主任抄写材料。后来，单位缺财务，父亲开始学起了财务。

自然是有人教的，可父亲终归也是个新手，35 岁的他在单位里打了整整两个月的地铺，每天晚上看各种会计学的书，抄写公式，白天跟老会计请教。母亲说，两个月后，父亲回家，她都快不认识他了。入门后，父亲就开始回家读书了，那时家里没有书房，父亲怕影响我们娘俩睡觉，夜晚搬个小板凳跑去路灯下看书，这个桥段是不是很像故事情节，但是却是真的，那个小板凳，现在还在家，父亲舍不得扔掉。

之后，父亲成为当时商业系统唯一去外地进修的年轻会计，后来成了财务科科长。其实，我也短暂地享受过父亲的地位带给我的荣耀，但真的很短暂，短暂到我现在几乎已经没有什么记忆了。

有一件事，让我印象特别深刻，其实，在父亲当财务科科长的一段时间，曾有机会去某个厂里当厂长，但父亲拒绝了，他觉得技术永远比所谓的职务更重要。他从来没有停止过学习，他读了大专，又去考了会计师，不停地买书进修，到现在，图书馆里还时常可以看到一个头发微白的老人在看书、记笔记。

父亲下岗后进了一个私营企业当财务经理，还接了一些会计的活，衣食还算无忧。

我想说，在某些时候，父亲就是我的榜样，虽然他是一个普通人，没有什么成就也不伟大，但他不停地努力，成就了当下最好的他。

理查德·耶茨有一个小说叫《乔迪撞大运》，里面的主人公是一个军人，他刚入伍的时候，连长是个不苟言笑的军官，时常严苛地要求他们，他们在内心对他咒骂了一万遍，可是碍于上下有别又无力抗争，于是只能强压心中的怒火。后来连长走了，他们很高兴，下一任连长确实不再如之前的连长一样，那么严格，可是他们渐渐发现，他们不再"像个军人"了。

我说这个故事是想说，当我们走进社会之后，许多人开始变得自由。这种自由就是终于可以因为自己是个成年人，随心所欲地做任何事。

嗯，你或许想说，我开心就好。可是你再扪心问问自己，是不是也曾在夜深人静的时候，想起自己曾经的梦想，再看看现在的样子，然后叹息；是不是也在那个实现了自己人生理想的人的面前，有一点点羡慕；或者说，你也想做一些自己想做的事，有一个自己人生的目标，只是从来没有迈开脚步，往前走。

前些日子，我的一个朋友与我说：你知道吗？我曾经的人生梦想是当一个画家。可是，现在想想，我画了也未必有人会看啊，还浪费我的时间金钱，还有，我可能十分努力，也成不了画家，想到这里，我还是放弃吧，不如睡觉养神多活几年。

我们总是瞻前顾后，可莫不是，因为太安于当下不变的生活了。

我也是在最近几年，才意识到不要过早地让自己看到自己退休时候，乃至老去的模样。你不掌控生活，那么，就由别人掌控你。

我写作的这些年，其实，并没有什么起色，除了运气还算不错——遇到了一群好的编辑以及好的读者。但我唯一愿意的，就是努力写。

可能我的方式也并不是最好的，但我愿意删掉自己曾经最爱的游戏，也愿意放弃不必要的逛街，舍弃无用的社交，是为了在工作之余，做一点自己喜欢的，愿意为之奋斗的事——读书和写作。

我时常自我安慰，只要自己努力过，其实就是成功了。年轻的时候，像个年轻人一样去做自己的梦，为了梦想而努力，这样也不枉费活过一场。

你是不是过早死去的年轻人？

不！

愿我们都热情地活着，与时间并驾齐驱，身体与灵魂努力在漫长的岁月里行进。用杰克·凯鲁亚克小说的一句话结尾：Ever youngful，Ever weeping. 永远年轻，永远热泪盈眶。

二十岁，你是否也站在人潮里战战兢兢

某个周末，我和老陈去 S 城的大厦购物，路过某饮料区，一个小姑娘端着试饮盘子过来。我几乎可以断定她是大学生。或许我们是第一对让她入眼的目标客户，而她的嘴里一直不停地重复着一些什么，似乎在背诵，青涩的脸上，一双眼睛在视线内闪烁。

可站在我们面前的时候，她的脸突然涨得通红，她显然是把促销词给忘了，微颤的脸颊，一边吞吞吐吐地挤出字，一边不安地看着我们。

"没关系，你慢慢说。"我对她笑了笑。

"现在买五送一，还有杯子礼品相送，喜欢的话，可以到我们柜台来看看。"那一刻，我觉得自己像是那个临近期末让学生一个个背诵课文的老师，而她就是那个突然忘记了内容的学生。背完的时候，她笑了笑。

我说："买五瓶，你带我去吧。"末了，那个小姑娘仔仔细细地把饮料装进袋子里，递到我的跟前，轻声地说："谢谢姐姐。"

老陈讶异地看着我，这是他第一次看我喝瓶装饮料。但老陈也知道我做任何一件事的理由一定是充分的，并没有多问。

因为，在她的身上，我可以看到九年前的自己，也这样战战兢兢地在别人面前，期待遇见每一个人友好的眼神，笑着看来来往往的人群。

那一年，高考结束，我像一个准备向着社会这个战场冲锋的战士，浑身充满斗志。那一年，我觉得自己摆脱了那个整天泡在书中的自己，终于可以自由地进出社会了。

没有一个人不会怀念那个时候的自己。对于社会的憧憬，是始终认为从努力到成功就是一条直线，始终认为只要心甘情愿地付出必定会有好结果，始终认为你给予别人笑脸别人不会冰冷地望着你，和你说"不"。而你，单纯地望着这个世界的每一个人，坚信"世界上每个人都是友好而宽容"的理论。

我与母亲说我要去打工实习了。母亲问我去哪儿打工。我说，不知道，我的目标是在一个暑假之后，能够支付大学第一学期的学费。那个时候，我们一个学期的学费是 3960 元。我从来不知道天高地厚和夸夸其谈就是来形容刚出茅庐的自己，那个时候，我以为生活是容易的。

暑假的第 20 天，我骑着自行车去一家家的商店应聘。第一家应聘的商店是卖裤子、衣服一类的快消品，店员要满大街喊着"衬衫 19 元一件，裤子 29 元一条"之类，品牌我还记得，是 F 开头。

一个身形微胖的女人接待了我，她的头发是当时流行的"李宇春"头，上面蓬松，下面拉直，她上下打量了我："毕业了？初中毕业吗？"

我说："高中毕业，满 18 周岁了。"其实，心里是暗喜的，我还是有着每一个姑娘的心理：20 岁的姑娘说成 18 岁是喜，说成 15 岁就是喜上加喜。

"你太嫩了。"经理斜了我一眼，"试用期三个月，800 元每月。"

"经理，不好意思，我还是学生，我是希望能够成为暑假实习生，工资可以少点，也可以不要钱。"

经理挥了挥手，说："实习生，不要不要。"

"经理，我真的可以。"

"你会做什么？你有什么经验？你说说看。"她显然已经不耐烦了，而那个时候的我，除了能够告诉她自己刚刚经历高考，会古诗词、会英语、会那些元素表，好像真的什么都不会。

我鼓足勇气说："我试试。"

她同意了，站在远处看着我，所有的员工都在卖力地往顾客身上扑，而我跟在她们身后，感觉自己就像是那个永远被姐姐带领着的妹妹，躲在人群之后，没有人愿意搭理。唯一那个愿意搭理我的顾客，在另一个员工的介入之后，没有再听我诸如"你穿着一定很好看之类"的俗到不能再俗的夸赞，弃我而去。

我看着经理扭动着背影离开，尴尬地站在那里，周围的店员看着我，我觉得自己再也不会进这家店了，好像连顾客都在望着我，她们一定都认识我了——一个被嫌弃的应聘者，一个免费却也没人要的实习生。

这大概是第一次对自己认知得那么清楚，也被人拒绝得如此彻底。

门口的喇叭声嘈杂地喊着，他们在意的是他们在意的，而我离开后，就与他们无关了。我记不得自己是怎样歪歪扭扭地骑着自行车继续去一家一家地找实习工作，也想不起来自己停下自行车如何强颜欢笑地走进一家一家店里与老板商量收留我这个实习生，然后被拒绝后，又假装若无其事地离开。

可能星座真的有灵，那些天我的星座上的工作运写着：求职不顺。也或许，我是在矫情地告诉自己："天将降大任于斯人也，必先苦其心志，劳其筋骨，饿其体肤。"

父亲到底是有经验的人，看我垂头丧气地回家，只靠在沙发上，笑着说："知道你不会马上找到工作，但我也不拦着你，去见见社会的残酷也好。"

15 天里，我没有找到任何工作，哪怕一天的工作，也没有找到。我遇见了许多人，有些人说话婉转，说招实习生的事要请示领导，大致是让我回家等，等的结果就是没有结果；有些人直接拒绝了。关于促销的岗位，我也应聘了两个，两个都是嫌我长得稚嫩，若干年后，我才知道，长得稚嫩的事实就是表明，你长得并不足以立刻让人信服你说的和做的一切。后来，我写了长长的手记：一，多问问自己能给予别人什么；二，让自己的样子尽快能够匹配工作，哪怕容貌；三，不要害怕被拒绝。我知道，第一点和第三点我暂且可以慢慢努力，第二点可能若干年后会改变。这三句话，一直到现在依旧深深地印刻在我的脑海里，随着时间来来回回地倒带重现。

17 天后，我找到了第一份工作——饮品促销，为期两天，每天 50 元，早上八点到晚上八点，午餐自理。因为做的是儿童饮品，所以长得嫩似乎更受小朋友喜欢，我是从 20 多个学生中挑选出来的唯一一个。而这 100 元，也是我人生赚的第一笔打工的钱，我并不介意告诉你们，为了这一张 100 元，我激动地办了一份银行存折。

工作的前一个晚上，我没有睡着，脑海中盘旋的是两页促销纸和产品介绍的内容。第一天早上，我六点钟就醒了，好不容易等到七点钟，兴奋地出门。可是，离目的地越近，兴奋度就越少，取而代之的是诚惶诚恐。

一个人去超市的仓库，一个人把展示台拉到门口，一个人放好饮料展示品。那一刻，我终于体会到，什么叫一个人的战斗。除了原本该熟悉的促销语，我并没有更多的语言，我的声音也并不大，但我尽可能地招呼着顾客来喝试用装，然后一个一个慢慢介绍。

老实说，一切都很顺利，饮品卖得也很快，虽然业绩提成与我并没有太大的关系，但不是任何愉悦都是需要用钱来表示的，"你很好"这三个字就足够了。

我也永远记得那个拎着菜篮在门口等人的阿姨。她看到我在太阳底下满头大汗的样子，给我递来一张纸巾，然后给我打扇子，问我一天能赚多少。我说，50 元。她顿了顿，问，如果她去买一箱，我是否有提成。我说，没有。她说："我还是愿意，算是鼓励你，你那么认真，值得我花钱。"我记得当时我的脸是通红的，被一个陌生人表扬，就像是学生时代考试得了满分被老师站在讲台上点名表扬一样。而忽然也懂得了一个道理：人生那么脆弱，脆弱到需要别人的赞扬来鼓足信心。可是，又无人会拒绝。我们都期待着在辛苦中变好，在变好中变得更好。

挑剔的面试官也就是那个销售主管，看到我的销售成绩时是笑着的，这是我第一次见到她笑。

如今，这也就是我为什么看到那些站在商场里促销柜台前的人，会接过他们的试用品，耐心地听他们讲完；也会认真地看他们拿过来的传单，看完之后归还于他们，说一声谢谢；在商场的时候，面对青涩的实习生，我会径直走向他们，告诉他们：没关系，慢慢说。因为我仿佛看到那个 20 岁的自己的影子清晰地映在他们紧张而佯装镇定的身上，那种再说一句就羞涩不已的样子，那种希望被人肯定的脆弱。

总是会有人问我：是不是每个人都要走过一段黑暗的日子才能真正成长。而那个时候的他们，一定正处于人生的低谷，不断地怀疑自己，担心一蹶不振。其实，永远不要害怕那个年轻时站在人潮中战战兢兢的自己，当未来你回头看时，那都是你心中视若瑰宝的存在，任何一次回望都会让你深情而喜悦。当然，也要善待那个和曾经的你一样的年轻人。每一个愿意为生活不断努力的人都是如此可贵，而我们都要相信，走过一段漫长的岁月，人生才会丰满而自如。

我的父亲经常与我说一句话：不要小看当下的自己，也不要随意对待每一个认真生活的人。现在想来，前半句是处世之道，后半句是为人之道，一个人哪怕心怀畏惧，也要直面生活，才会有美好的未来；而一个人不忘过去，才能包容别人的生涩，才会让自己的内心丰盈。人生本来就没有什么大道理可言，我们都是在一句句看似正确的废话中慢慢生活的。当能够慢慢领悟其中的一切，并真情对待时，或许，这就是最好的成长。

你真的不可能让所有人都喜欢你

我曾经真的很害怕有人不喜欢我。

年幼的时候，我主动承担班级里中午吃完饭洗碗的工作，然后把它们一个一个放在与名字对应的位置；我会帮每一个同学擦完桌子后，然后再离开教室；在一起合影的时候，看到边上没有入镜大哭的同学，就主动让出空位，还笑着和老师说："没关系，我不拍也无妨。"

我并不计较每一次评优的时候，最后都落选，我好像更介意的是，老师和同学能不能喜欢我。我会拿着那个没有洗干净的碗，帮同学再洗一遍，说一声抱歉；擦得不干净的桌子，就再擦一遍；同学嫌我站在旁边挡住了他们拍摄的光，我就走得远一些。

我真的不介意，只要他们高兴就好。一直到某个儿童节，班里分奖品，分到我的时候，正好是一个铅笔盒，可老师却给我换了一根铅笔，顺带着和另一个老师说："没事，她不会闹的。"

我就这样目送着自己喜欢的铅笔盒放到了另一个同学的手

中，却还笑着应付老师投来的不屑的笑容。那是我第一次体会到，做一个想让所有人喜欢的孩子，是需要付出代价的。

我承认这件事对我的改变是巨大的。父母从小教育我的"只要努力，最终会让所有人都喜欢你"的谎言，突然像破碎的琉璃，在我面前洒了一地，洒掉的还有我对于付出与获得的幻想。

然后，我终于明白，所有的周全只是让自己成为一个软弱无能的人，自己苦心经营的期待最后落成了别人眼中永远的无所谓。而事实上，他们喜欢的只是你为他们所做的一切，从来不是你本身。

我该庆幸，自己幼年做的傻事，让我提早经历了这一切，所有需要痛悟出的道理，或许真的越早经历越好。

前些日子，有一个旧友在后台给我留言。他的大意是：你不要总是写一些朋友的故事，写生活的琐事，你写点历史人物可不可以，你讲点国家大事可不可以，你发表点有价值的评论可不可以！他结尾时说："你这样的人，注定只是一个平凡人，注定一生没成就，写点文字混饭吃，谈点风月装格调。"

我惊讶于他如何找到我，事实上，他告诉我他的名字的时候，我几乎想不起他的模样，只记得好像他有一头的卷毛，年少的时候，路过我的身边也是侧目。对了，以前小时候，他还喜欢抢我的作文书，然后碰到喜欢的那一页就撕走。

不知道为什么，我看到他的话，一点都没觉得生气。这些年里，遇到了两件事，让我觉得，许多时候你以为的十全十美，并不是别人眼中的完美无缺。

第一件事是来自于我的一个朋友。她是属于那种永远不会说"不"的人。她大学的时候，我们走得很近。然后我每天都看到她帮班上的同学拎热水壶，带便当，买夜宵，寝室同学在外打工，她就帮她们查好资料，有时还代为她们写作业。她成了那个"有求必应"的人。我觉得她俨然就是我年幼时的翻版。可是，我不敢告诉她。因为许多时候，真相不是只有一个，或许她比我幸运。在班级评选优秀毕业生的时候，班级同学投票她只得了一票，而那一票也是她自己写给自己的。

第二件事是，我工作之后的一点小小心得。那就是，你眼前所看到的这个你以为什么都好的人，总会被别人吐出许多的缺点，你可以认为他们是带有情绪化的，但你发现，每个人站在自己的立场上，都可以挑出别人的不是。

这样，就更加坚定了我的信念：我的生活只给喜欢我的人看，而我的文字也只给欣赏我的人读。在这个已经足够幸运的时代，能够与自己的读者最近距离地沟通想法，已是莫大的幸事，又哪有时间去理会旁人的指点。

而我，碌碌无为也好，一事无成也罢，都是我今天所有选择的结果。走自己想走的路，读自己想读的书，看自己想看的风景，人生能够成功是幸运，不能成功也是正常，活得泰然而舒心，就足够好。

我给他的回复是："如果你不喜欢我，真的可以取消关注。"在我内心里，生命这袭华美的袍，我绝对不允许它沾上任何不相干的虱子。我真的不可能让每个人都喜欢我。

这个道理，其实很简单。

拿我年少时候学画来说，我有幸接触了一些西方画派的笔墨，我发现每一个画派都有它自己的天性，而每一个画派都有喜欢它的群体。喜欢人文主义、对现实更有期待的人，会对威尼斯画派更加动情；而喜好色觉的人对喷薄而出的印象画派就会欲罢不能；如果天生爱想象，那么会喜欢抽象画派多一点。每一个人对每一种事物的感觉是不同的，你不必探寻着所有人的喜好走。你首先关心的应该是你自己的喜好，其次是你喜欢的人的喜好，至于其他，一切随缘就好。就像村上春树所说的一样："不管全世界所有人怎么说，我都认为自己的感受才是正确的。无论别人怎么看，我绝不打乱自己的节奏。喜欢的事自然可以坚持，不喜欢怎么也长久不了。"

那么由此，你也不会活得太辛苦。

张爱玲的《天才梦》里面有一段话："生活的艺术，有一部分我不是不能领略。我懂得怎么看'七月巧云'，听苏格兰兵吹bagpipe，享受微风中的藤椅，吃盐水花生，欣赏雨夜的霓虹灯，从双层公共汽车上伸出手摘树顶的绿叶。"我很喜欢这段话，因为，我发现，在千丝万缕的日子里，要让自己喜欢的一切尽可能多地来到身边，至于别人到底是不是喜欢你，好像并没有那么重要了。

美剧《六尺之下》里有一句经典台词：像你们这个年纪都会在乎别人对自己的看法，是因为你们连自己是谁都不知道。

或许我们每个人，都应该不懈努力，不是为了别人，而是为了眼中最好的自己。

年轻人，你怎么总是不高兴

大概一个多月前，读者 F 给我写了一封信。她比我大五岁，在一个公司的人事部门工作，她觉得自己工作认真负责，领导也对她欣赏有加，可是，这一次升职的名单中并没有她。她有三件事一直郁结在心中：一，自己那么辛苦工作，为什么什么都没有得到；二，对于她这个年纪来说，跳槽也是一件尴尬的事；三，她想做广告文案，这是她从小到大的梦想。因为这些事，她觉得自己变得前所未有的暴躁，和部门的经理吵架，和单位的同事也动不动就发脾气。所有的一切来自于她摇摆不定的决心，以及内心的迷茫，像是脱轨的火车，不知去向何方。

看后，我回复她："往后的每一天，都不会比今天更年轻。所以，我愿你有果敢的决心，成熟的思想，高兴地活着，不畏当下，又不惧未来。"

大概十一二岁的时候，我的周围，突然流行一个词语，叫"郁闷"。这个词语大概是突然席卷而来的，几乎是一夜之间，所有的同龄人以及比我年长的人，开始对"郁闷"自如使用。如果说，一开始还是玩笑一般地诉说，到后来随着年龄的增长，"郁闷"就开始在生活中随时可见。

20 岁以后，对于人生的迷茫，像是挥也挥不去的倒影，笼罩在人生的黑白题板，越来越明显。而我永远记得 23 岁时，我与父亲的对白，那一句"你是年轻人，你要开心点啊"朴实地躺在我的脑子里，跟着我慢慢向前。那一年，我一个人上了一辆北上的火车，蹲在车厢里，漫无目的地去远方。那天，窗外的阳光特别好，一路的田野像童年时候的光景扑面而来，曾经唯一让我感动的沿途风景，也被我放弃了。列车的终点是 Q 城，我只是去散个心而已。两天前，我与父母吵了一架。23 年来，我从来没有在父母面前这样失态过。吵架的原因在若干年后，我都觉得匪夷所思。我只知道，那段时间，我真的很不开心。

那个夜晚，父亲与我谈毕业以后的想法。昏暗的灯光下，我们三个人，一边低头吃饭，一边轻声对白。父亲的大意是，要我除了考研之外，为自己留一条后路。当然，我知道，他是尽力在说服我考体制。我没有说话，只顾自己一口一口地扒饭。23 岁，临近毕业的最后一年，我像每一个迷茫的人一样，心怀梦想，又不知道路在何方。不得不说，选择考研，是我们这样普通院校学生的又一个起点。而这之前，我已经连续很多天躲在图书馆里埋头读书，每天到达图书馆的第一件事，就是把想考的学校和专业放在显眼的位置。虽然我对外的口径是：考研，绝对不考体制。但我也很想进体制，因为这至少代表着对自己能力的一种认可。那时的我，像是一只悬挂在绳子上的蚂蚱，随便拉一下，就会重重摔在地上。父亲并没有看出我的焦虑，自顾自己说："我也知道体制很难考，也真的是为难你。"我几乎是摔了碗而走的，我觉得自己的心也突然被中伤了，狠狠地摔了一地。

那个摔碎碗的夏天，一直留在我的记忆里。我回到了学校，收拾了行李，买了一张火车票，几乎是一气呵成。我想用一种最原始的方式拯救自己——旅行。然后，一小时后，我在火车上，碰到了我的父亲。父亲并没有告诉我他是怎么找到我的。他一直说，这是父女的心有灵犀。我也并不关心，我只知道，后来他的话，温暖而触动人心。父亲说："我 30 岁前，最后悔的事，就是时常会生气。你也知道，我们父女有一个共同的脾性，喜欢一个人扛下许多事。可没过多久，发现怎么好像整个世界都压过来了。那些年，我在农村，觉得很郁闷。没有机会上大学，也看不到希望，每天耷拉着脑袋，夜晚的时候，在农村的地里发呆、数星星，或是有气无力地闲逛。但有一天，我去隔壁村，看到一个老人，他一边吃着散发难闻气味的玉米糊，一边伏在低矮的桌子上写字，歪歪扭扭地写了好多页。老人看到我，就问，年轻人怎么一脸不高兴啊。我不敢告诉他，自己在上山下乡这个年代里，对自己的未来特别迷茫，因为不知道什么时候能够回到城市，或许一辈子都离不开了呢。我只应了一声。他笑着和我说：'我要把我所有高兴的事记录下来，这样，往后的每一天看着，也是高兴的。'他的那种笑容似乎带着魔性，好像在告诉我，人生嘛，总是充满希望的。

"接下来，在农村的日子，好像也不那么难熬了。我也开始写作，用省下的钱买笔和纸，在昏暗的蜡烛下，每天写自己高兴的事。"

父亲说，为了自己每天能拥有高兴的事而活，自己的生活忽然变得清晰了，也不再那么迷茫。后来，父亲的文章还在我们当地的报纸上发表过，纯属无心插柳的行为，却成了他若干年后略有成就的垫脚石。

父亲说，年轻人，也不只是年轻人，不要总是不高兴。你郁郁寡欢，便永远不知道人生希望的出口在哪里。

我和父亲只在 Q 城过了一夜，Q 城的海鲜有它独特的味道。接下来的一年里，我的每一天，好像变得不那么紧张了，对于未来，少了一点孜孜以求的愿望，而后的每一天，都认真而随心所欲地学习、看书。我通过研究生考试和体制考试后，还是会怀念那一天与父亲的对白，以及那一句"年轻人，不要总是不高兴"。

最近，我收到一封来自 F 姑娘的来信，她说，自己终于辞职了，决定去一家网络公司写文案。这些天，她突然醒悟，就算再难，也要高兴地面对自己，因为迷茫地活一天是一天，高兴地活一天也是一天。其实，这半年来，我的邮箱里，每天都有许多来信，出现得最多的词语，就是"不高兴"。我时常觉得，人生中的不高兴，就像是火锅里那层随时有可能积起的油沫，它常常随着大火而起。我也会觉得，人生不高兴的事，实在太多了，不高兴的人，也真的不止你一个。可我们要永远记得，每一个今天，都有最年轻的你和最年轻的回忆，你高兴地活着，勇敢而坚强，就是未来回首中最好的印记。

求求你啊，年轻人，高兴一点，因为万丈光芒等你绽放！

我们总要努力，活成自己喜欢的样子

　　这个周末去 H 城前，我给海伊打了个电话。好久没有去 H 城，也很久没有见到 H 城的海伊。

　　结婚之后，与许多其他城市的朋友开始疏离。虽然保持着一种从婚姻中独立的状态，却又一直兢兢业业地扮演着家庭中作为母亲、妻子的角色。过着一种朝九晚五又跌跌撞撞的生活。包括海伊，与她也有三个多月没见了。

　　海伊接起电话，依旧是那个熟悉的口吻："小愚，你到了，我去车站接你，老地方见。"

　　去 H 城见海伊是一种习惯，这个陪伴了我学生时代一直到如今的好友，除了那份舍弃不了的情谊，更有一种对平民英雄的敬意，而这份敬意，就是我一点点看到她活成了自己喜欢的样子。

　　18 岁的时候见到的海伊，是一个胖胖的小姑娘。青春期的激素一点也不留情面，让她的身材显得臃肿，海伊有着肉铺铺的脸，以及伸手过来就可以挥动着肉的臂膀。还好，笑容证明了她的可爱，见到我的第一句是："你要喝茶吗？我书包里还有一瓶。"那天的天很热，我下意识地以为茶是她用来解暑的，后来才知道，这是她身材管理中的食物之一。

她也一直直言不讳："我就是想变成一个瘦姑娘。"

我一直认为，一个能够管理自己体重以及健康的人，状态一定不会差。饮食上减半，运动上加倍，配合一些茶之类饮料，就这样在两年后，我硬生生地看着海伊从一个只能穿肥大衣服的姑娘，到毕业的时候，可以穿着超短裙，身材窈窕地出现在我的面前。他们班上的同学说，如果每一个胖姑娘能够像海伊一样忍受每个晚上只喝一碗白粥，吃一个鸡蛋，加一根青瓜，再去操场上跑上五圈，不瘦都难。

忘了说，那一年，她拿到了出色的高考成绩单，去了她想去的学校。那时觉得，像海伊这样的姑娘，未来无论如何出色，都不是意外。

虽然我和她分隔在不同的城市上大学，但与她的联系并没有断。

海伊的家境还不错，父母都是公务员，对于她来说，并没有衣食之忧，她也大可以像许多大学生一样周末睡个懒觉，然后安排一些好玩的娱乐活动。但大一的时候，几乎每个周末，她都会去打一些零工。我可以清楚地报出她做过的许多兼职：促销员、传单派发员、礼仪小姐、会务人员。辛苦的时候，为了50元钱，海伊会从城市的一头赶到另一头去工作，然后在附近买个包子充饥。

某年冬天，我到H城找她，原本五点的见面一再延迟，等在小吃店里的我，不停地和老板解释说，快到了，快到了。海伊到的时候，拎着两杯奶茶。她说，她好久没有喝奶茶了，跑了很久的路，却延误了最后一班直达的公交车，又舍不得打车，只不得不换乘了好几辆公交才到这里。

她说，其实她很希望有一天，自己不会再为了一趟出租车的钱思前想后。

老实说，我一直把海伊当作内心的一个模板，不是为了超越，而是为了让自己变得不那么懒惰。比如有些时候，想到她，就会"一不小心"从中午 11 点的被窝中惊醒。大二开始，我开始努力写文章，虽然发表的不如退稿的多。但不得不说，我之所以坚持下来，除了从小的那份热爱，还有常常看到身为朋友的海伊那么努力，自己也不好意思停滞不前。

大学时代，她的单反和笔记本，都是自己打了零工买的。她说，她特别羡慕那些人，通过自己努力，把一张一张人民币，哪怕十元二十元存进银行卡，最后攒了足够的钱，可以实现自己的目标。那种感觉，与父母打一个电话后，在银行卡里出现一笔钱的感觉是不一样的。

那时，我想起三毛《送你一匹马》中的一句话："人生一世，也不过是一个又一个 24 小时的叠加，在这样宝贵的光阴里，我必须明白自己的选择。"春华秋实，亲爱的海伊，你永远知道自己想要什么。

而我还想说，她的成绩一点都不比别人差，每年都能拿到奖学金，她还是学生会干部。虽然这在未来并不能给予她多大的帮助，但至少代表着当时的她也是一个佼佼者。

毕业后，海伊去了一家销售公司。不出意外，家里千万个反对，大抵是因为她的父母认为，女孩子的稳定比一切都重要。海伊也有她的理由：一，她不喜欢 20 年甚至 30 年永远如一日的薪水，对于她来说，这意味着使自己的懒惰有了温床。二，她喜欢在年轻的时候，与形形色色的人去打交道，希望看看更多人的世界，哪怕听听他们说的胡话。三，公司允诺她如果完成业绩，提成、休假、福利，一个都不会少。

但海伊说："家里翻了天，你也知道上一代人旱涝保收的思想有多严重，你这个有固定工作的人都快成为我父母心中的模范女儿了。虽然我也很理解他们，但他们觉得公司未必真的守信用，所有的承诺未必是真的，而他们也真的很怕我会在委屈之后无处哭。我只能告诉他们，委屈的时候，我还是会回来哭，但我喜欢过自己的日子，他们阻拦不了我。"

海伊开始像电视剧里的白领一样，每天蹬着高跟鞋，穿着职业装、涂着淡淡的口红上班；开始在青涩的脸上滚瓜烂熟地背出公司的项目，心里打鼓、嘴上不慌地拿出合同书；开始在一笔一笔单子上写下自己的名字，看到自己的业绩从最后一名慢慢地进了前五。

那一段时间，我去 H 城，我们不再在小吃店里，而是改去了咖啡屋，吃完饭，赖在那里说话。我和她开始轮流买单，和她从前希望的一样，除了不会再为出租车钱思前想后，也不会再为几十元的咖啡而花得心痛。

两年后，她凭借自己的业绩买了一辆十万元的车子，也把自己从 500 元/月的单位宿舍搬到了 2000 元/月的单身公寓。她做起了许多她曾经想做的事。每个周三去瑜伽馆练瑜伽，让自己不会因为忙碌而成为 18 岁自己的模样；空闲的周末，与父母去外面旅行，拿着自己的单反，留下许多的风景；一个人的晚上，煮奶茶，虽然一遍一遍都试不出理想中的味道，却觉得在一次一次变得可口。

H 城的一切扑向我的眼帘，收到海伊的短信："小愚，已经在 2 号门出口等你了。白色越野，双跳。"

她换车了，在工作的第五年，她成了主管，有了自己的团队，散发着职业的精干，却还是熟悉的笑容。

她是刚下班的，在 H 城四通八达却无比拥堵的道路上，我们的对白依旧有力。

"小愚，如果再让你选择一次，你还会选择现在的生活吗？"她问

我说："会。"

"可是，现在的样子，是你喜欢的样子吗？"

我没有回答。我问她："你呢？现在的样子好像很符合你当初的期待。"

我永远记得她的回答："初初选择是冒险的，但努力是你自己的。我们总要努力，活成自己喜欢的样子。"

你的独立，就是你的底气

Grace 的朋友圈有一句话，我很喜欢。

"我喜欢的女人：乐观、坚强、温柔、优雅。找一份自己喜爱的工作，喜欢的东西，自己掏腰包买。不要以为找个有钱男人就可以满足，年轻漂亮的女孩无限量上架。女人要懂得学会独立，不断提升自我价值，让自己变得无可替代。"

这句话不是她说的，是刘嘉玲说的。

那条信息之后，有她的先生老苗的留言："奔跑吧，姑娘。"

一个月前，Grace 给我电话，告诉我，她回去上班了。两年之后，她还是离开了全职妈妈的角色，又开始朝九晚五的日子，只不过，从原来的销售岗，转到了办公室。

她的先生老苗，和她是高中同学。18 岁相遇，26 岁结婚，从初恋到结婚，熬过了恋爱的七年之痒，走进了婚姻的殿堂。

老苗是富二代，这是学校里人尽皆知的事。虽然素日低调得只穿校服，也很少显摆，但每周末来接他的私家车，不动声色地告诉我们这个真相。说真的，当年，汽车还是奢侈品，像我们这样的穷学生在放学后，只能拼尽全力，赶一小时一趟的公交车。像罐头中的沙丁鱼，在车里无法动弹，又浑身酸痛。而老苗，可以慢悠悠地下课，然后坐着他的专车回家。

没有羡慕，只是觉得他幸运，不必如我们。

Grace 是那种好看到让人觉得舒服的女孩。在我眼里，好看的女人有两种，一种是好看，但总觉得有一种傲慢，艳丽但并不让人喜欢；而另一种女人，只觉得在她身边，成为绿叶也心甘情愿。Grace 属于后者。

那些年，老苗只招呼 Grace 上他的私家车，而 Grace 却一脸傲娇地转身，所有人都知道老苗喜欢 Grace。只是没想到，老苗这一爱就爱了好多年。那些年的情书，是婚礼上最甜蜜的见证。

老苗对 Grace 极其宠爱。一直到如今，过了十多年，依旧在人前，会不由自主地盯着 Grace 看，然后笑出声。

结婚之后，老苗对 Grace 建议，不必那么辛苦地上班，也不必干任何家务。每个月给她的钱随意她开销，只要她高兴就好。

Grace 没有同意。Grace 的理由有三个：一是工作会让她保持一种生活的节奏感和次序感；二是不希望这么多年的学习最后不过是闲来无事；三是她渴望自己获得的自由感。

我记得我们闺蜜圈吃饭的时候，说起这事。一个朋友问她："明明实现了财务自由，偏偏喜欢打入这混沌的职场，让自己在千头万绪中摸爬滚打，是不是太矫情了？"

她笑着，和从前一样，一脸的无所谓："就因为我实现了财务自由，才可以更加无所畏惧地成长啊。"

好像也对。反正当时，我觉得挺有道理。

或许，对于女人来说，被爱情眷顾是多么的幸运。在你任何时刻，他都爱着你的现在，并尊重你的选择。

老苗没有再说辞职的事。还是如从前，让自己成为她的御用司机，每个早上送她去单位，无论多晚，都会接她回家。

大概过了一年，Grace怀孕了，然后辞职。大家都不意外，也都很意外。意外的是，她曾信誓旦旦说不放弃工作，最后还是做了待产的全职妈妈；只是，有钱如此，就算不工作一辈子，似乎也合情合理。

得知她辞职后，老板很惊讶，只说了一句话："只要公司还在，你随时都可以回来。"

待产的日子，清闲而无聊。或许女人在孕育新生命的时刻，都会小心翼翼，甚至于忘记自己所谓的理想和追求，一生一次水乳交融的感觉，身为女人都会念念不忘。

孩子出生后，Grace的全职妈妈生涯就正式开始了。

住别墅，有大花园，有保姆阿姨，还有一个好到无可挑剔的婆婆。连Grace自己都说，这个全职妈妈当得轻松而自在。

可是，她却渐渐发现，自己的生活圈子越来越狭窄，渐渐失去了生活的节奏，忘记了职场的感觉。偶尔打开电脑，也只是买买母婴产品，她甚至忘记了自己曾经穿着高跟鞋，一身正装的模样。而每一次老苗给她生活费的时候，她只觉得不自在。

　　老实说，她和我说这些话的时候，我想起从前的一个朋友。那一年，她刚大学毕业，满心欢喜地住进了男朋友家，也没有去工作，一心想着嫁进夫家，从此过上阔太太的日子。可是，仅仅过了一年，一次争吵就碎了她的"豪门梦"。那个曾经说过要和她一辈子的男人只说了一句话"离开我，你还有钱吗？谅你也没这个胆！"那一个雨天，我抱着浑身冰凉的她，男朋友的短信里说了一万句的道歉也都不能让她的心再暖起来，她说，她要离开他，然后找一份工作。

　　"你知道有一种感觉，就像是年幼时，父母总是和你说，你需要钱，我给你就是了，要多少有多少。可是，你总觉得少了点底气。于是，你拼命地做个好孩子。因为你真的不知道，明天和意外哪一个先到。老苗给我钱的时候，也是这样的感觉。他能给你现在的安全感，也在给你未来的不安，当你离不开他的时候，你需要重新开始。"Grace 和我说这些的时候，我知道她内心的焦虑。没有人希望自己成为附属品，就好像，每个女孩年少的时候希望自己是公主，长大后希望自己是女王，她们希望有能力主宰自己的生活，哪怕不够完美，也有自己最爱的模样。

　　我安慰她："老苗对你不会变心啊。"

　　Grace 说："老苗待我真的无话可说。可每个人都是独立的个体。说句最俗气的话，你自己头破血流的拼搏，再苦再累，也心安。以及，你是谁的太太和你是谁，哪个听起来更像你自己？"

　　那一刻，我想起了一句话："女人的独立，就是自己的底气。"

　　Grace 回单位后，老板给她的薪水是一个月 5000 元。这个收入，对于她来说，并没有任何诱惑力，然而却让她兴奋了很久。她说，其实，她这样做，不是为了证明什么，只是让自己成为自己。

我一直觉得上天赋予了女人太多的功能，而这个社会，又对女性过于严苛。我们不停地奔跑——成为一个好女儿，成为一个好妻子，成为一个好媳妇，成为一个好母亲，以及永无止境地成为角色里最好的自己。

可是，无论如何，女人都不能放弃独立的自己。三毛有一首诗歌："如果有来生，我要做一棵树，站成永恒，没有悲欢的姿势，一半在土里安详，一半在风里飞扬，一半洒落阴凉，一半沐浴阳光，非常沉默，非常骄傲，从不依靠，从不寻找。"

我们为什么要独立？因为只有独立，你才可以不需要取悦谁，依靠谁，才可以随意支配自己今天、明天以及未来的日子，才可以不必为任何人和事恐慌。无论是谁，只有自己才是自己一生的依靠。

你是不是打算迷茫一辈子

每天，我的后台都会有许多读者的来信。我有一个统计，几乎 100 封信中，有 70 封以上，都会说起自己当下的迷茫，问我未来该怎么办？

无非是对于过去的不欢喜，对当下的不甘心，对未来的不可知，种种情绪蜂拥而出，于是，迷茫就成了生活中的关键词。

我很喜欢用这句话回答：迷茫是人生的必经之路，但一直迷茫就很有可能成为你人生的穷途末路。

我有一个特别励志的亲戚，现在已经在家安度后半辈子。他是第一个让我觉得，年轻时为前途而奔，年迈之后，才有晚年可安享。

他是 20 世纪 80 年代的高中生，高中毕业后，和所有同学一样，被分配进国有企业，当了一名机修工。所谓的技术，就是每天检修、摸排、汇报，和所有的同志一样，干完活，坐在集体办公的地方，聊天、喝茶，日复一日。

他那时的迷茫是在于：一是自己真的很需要钱。这辈子如果不跳出这个环境，可能每年所谓的收入增加不过是因为工龄与日俱增；二是所谓的价值，现在的自己不过是别人的附加值而已；三是如果真的孤注一掷，输了又该如何。

忘了说，他是个绘画天赋极高的人，没有人教，全靠自学。后来某一段时间在 S 城，还小有名气。

谁的人生没有迷茫过。他说，那段时间，觉得自己快到了人生的黑暗期，前不着村，后不着店。经常一个人在做完所有的活之后，躲在车间的角落里思考自己 20 岁的人生，看着那些白发苍苍的老师父，显然，他并不想这样过一生。

他开始晚上摆书摊，收完书摊回到家，洗把脸开始学设计。他几乎把所有的钱都用在了买设计材料上，时常是一个通宵一个通宵地画。图纸，一堆堆地叠起在书房里。奶奶说，夏天时候，她见过他在书房里画了一整个晚上，也舍不得开电扇，就这样过了一夜，地上的纸还有汗渍。

至于睡觉呢，到了鸡鸣时，睡两个小时去上班。

所谓的吃苦，也不过是年轻时为了自己的梦想，再努力一把。在度过一段艰难的学习时期后，他开始专业地设计图纸，而设计单子也纷至沓来。

后来的成功之路，都是雷同的，有了自己的公司、自己的房子、自己的车子。然后在 50 岁以后，早早退休，开始安享晚年。

他也会感谢当年挑灯夜读的自己，如果一直迷茫，大约真的就迷茫一辈子了。

我们迷茫，其实大多数时候是因为害怕失败。

迷茫，至少证明你还活着，没有垂垂老矣，没有心之将死，还会希望通过自己的努力，获得在别人看来似微不足道的进步。但我们真的不能迷茫一辈子，许多年里，其实，我们都忘记了一件事，我们与日俱增的年岁，驼在我们身上，会越来越沉重。

我想说说张爱玲。

我对张爱玲的敬意，来自于她在美国的最后一段岁月。《张爱玲在美国艰难岁月》一文里有这样的描述：

1955 年，张爱玲从中国香港移民到美国后，与赖雅结婚。

可是与赖雅结婚后没多久赖雅就中风。原本锦衣玉食的她，不得不开始劳苦奔波。可她似乎并没有任何的犹豫，为筹措给赖雅治病费用，张爱玲节省每一笔开支，以维持生计，也拼命地写剧本。书中原话说，"辛苦的从早上十点写到凌晨一点，手脚都肿了"，焦躁失眠，独自苦撑，"工作了几个月，像只狗一样，却没有拿到一份酬劳"；怀着希望的远行给她身心带来诸多的困扰和折磨，"'疯言疯语'成了我惟一可用的心理道具"。"可是，三个月后，换得一场空，身体又坏。"

对于一个女人来说，这样的打击是致命的。可张爱玲没有消沉。几乎所有业界人都知道，她的作品在美国社会的影响力并没有如在中国般的如日中天，但在之后的许多日子里，张爱玲依旧努力于写作和翻译。

甚至于许多年后，在生命的最后几年，她还在校阅自己的全集，废寝忘食。

你可以认为她这是失意时的讨生活，但你也可以看到，在她最失落的时候，不迷茫，其实已经是成功了。这是我在小说之外，第一次觉得一个人可以活得如此勇敢而坚强。当你没有看过繁花似锦，你会得意于平凡的一切，而所谓登高跌重，真的不是说说而已。因为此时的你除了需要一汤热水，不断温暖世俗中慢慢离去的身影，也要捂热那颗渐渐冰凉的心。

其实，我想说，于我们大多数人，很少有机会经历如此的失败，就像很少有机会获得很大的成功一样。说这个例子，只当是一个鲜明的对比。可是，平凡如我们，好像更容易迷茫。

我刚工作的时候，一度迷茫于要不要坚持写作这件事。我是一个天生对环境适应很强，可内心又对新事物会有恐惧的人，所谓迷茫，有时也因为自卑吧，一度忘记了自己还能够写这件事。

因为在农村工作，于是每天就在田间地头跑，拿着尺子，开着自己的小车，咯噔咯噔地开过一座座山，每天写大量的登记表格，做许多计算，然后一份一份地交到县城办公室。说真的，你也会因为别人的高兴而高兴，可却忘记了自己还会做什么。

那段时间，加班的时候，我会高兴于自己有了一份工作，可也会难过于日复一日的单调，好像缺了情绪的出口。一直到有一天，和同事一起吃饭的时候，一个长者问我，会做什么？

我内心很想说，我以前会写作。可是羞于出口，又咽了下去。那是我工作之后，第一次好像被敲醒了一般。人生哪有那么迷茫，你的出口就在身边。而你却常常把自己包裹在里面，不让空气进来，也从不自己出去。

有一句朴实的话：当别人在努力，你却在迷茫的时候，其实已经输了。

我觉得，许多时候，人生就是你时常在选择，又时常在放弃。但我觉得，选一件就是了，如果实在没有喜欢的，就顺着自己的心意拿一件，等到有喜欢的，再来取，这也好过空手而归，什么都没有。

是，人生最大的失败，从来就是迷茫。就像东野圭吾的《解忧杂货铺》里说的，"对不起，我连个败仗都没能做到"。

你会不会也担心，在未来的某一天，内心有一种感觉，自己感受到的失败，是因为迷茫了一辈子，于是梦碎身欠，一生荒芜。

你以为换个工作就顺心了

好友子弹比我大 5 岁，现在活得特别牛气，光鲜亮丽，典型的"富一代"。

我一直觉得"光鲜亮丽"是对一个人的褒奖，因为不是每一个有钱人都可以看上去神采奕奕。至少意味着你的资本以及气质，让自己看上去强大无比。嗯，子弹就是这样的人。

他的经营理念里，有一个不变的原则：坚决不招频繁跳槽的人。他的标准是，如果一个人三年跳槽三次以上，说明他能力不够。

人在职场，最重要的是忍耐、等待、变强。他以我大哥的身份和我说："你信不信，大多数人跳槽的原因，只是因为不顺心。于是无法忍耐，然后不愿等待，最后一事无成。"

我之所以想到子弹，是因为前些日子，有一个小姑娘和我说，她现在工作两年，换了五份工作，感觉总是遇到坏人。前一次被同事穿小鞋，被领导为难，这一次又感觉自己被孤立了。为什么倒霉的总是她？

为什么倒霉的总是你？

子弹曾经给我讲过一个关于他自己的故事。

他大学毕业的时候，没有考进体制，好不容易在毕业前找到了一份工作，去了一家小型的软件公司。他说，那个时候就觉得，自己混得也太差了，一辈子都不想见同学。

满心欢喜地进入职场，结果去的第一周，就被部门领导在工作例会上批评，领导的原话是："你一个大学生，怎么什么都不会，还不如初中毕业的。"子弹回想了一下，大致是那一次的文件上有两个错别字。子弹是独生子，也是从小到大的好学生。是啊，好学生从小是含着糖长大的，给他一帖中药，就好像要了他的命。于是，子弹第二天打了辞职报告。

年轻的代价，就是你以为还可以耍脾气，而别人只会当你脾气坏。当天，领导就批准了他的辞呈。

H城没那么好混。于是，第二个月，子弹不得不问父母借了1000元，然后又开始找工作。有些时候，学历真的是通行证，第二份工作来得也快，子弹竟然通过了一家大企业的面试。

如果小公司是池塘，那大公司就是河流。深水之下，鱼虾涌动，你不仅仅是不起眼，还根本没升职机会。

一个月过后，子弹发现自己除了每天烧水、打水，校对文件、文案，什么事都没参与，也没有朋友，甚至同事如果有任何错误，似乎都可以往他身上推。一个月后，他又受不了了。这一次，他没有辞职，而是去了人事经理办公室。

子弹说，人事经理是他这辈子最要感谢的人，是他一语点醒了自己。

他问了子弹两个问题：一是你会干什么；二是你想干什么。

子弹回答完后，人事经理说："人活在职场，所有的机会都是需要自己争取的。其实，我们这个圈子很小的。你曾经的事，我也有听闻。对于年轻人来说，一星期就辞职，如果因为不顺心而换工作，并不是最好的选择。我希望，下一次如果真的离开我们单位，是因为你自身的能力已经让我们觉得汗颜，而不是因为你不顺心。"

子弹是个聪明人。聪明的人一旦被激发，就像是一只猛兽，可以一往无前地到达曾经无法企及的高度。此后，他的业务连续三年保持全公司第一名。七年之后，当所有人以为他会成为业务主管时候，他辞职下海。

他说，那一次离职，不是因为什么不顺心。而是终于想高兴地和过去说再见，就好像是那一年大学毕业，你获得了一张人生某一阶段的毕业证，终于可以再次出发。

其实，改变自己会比改变环境容易许多。这不代表你要同流合污，而是你通过自己的努力，与这个职场和解，你们水乳相容，相爱相生，你也获得了成长。

我大学毕业入职培训的时候，对一个培训领导说的一段话印象特别深刻："如果你在一个工作岗位实在混不下去了，你可以考虑换一个岗位。因为确实会存在你与某些岗位或者某个单位气场不和的情况，这也是正常的。就好像，你总不可能事事顺利。但如果再换一个单位，你还是碰到同样的情况，那么你要开始检讨自己，到底是自己的问题，还是单位的问题。如果多半是你自己的问题，那你就得改了。"

　　钱锺书曾说，据说每个人都需要一面镜子，可以常常自照，知道自己是个什么东西。不过，能自知的人根本不用照镜子；不自知的人，照了镜子也没有用。

　　是，我们总是对自身存在的问题视而不见听而不闻，却无限放大别人对自己的态度。职场从来都是复杂的，新人有新人的苦恼，老人有老人的烦忧。

　　新人的苦，无非有以下几种：一是摸不清别人的脾气，然后莽撞地犯错；二是一不小心说错话，连个纠正的机会都没有；三是干很多活，也增加了犯错的机会，且不说领导有没有批评你，大多数时候，领导告诉你错的那一刻，你就崩溃了；四是还有背黑锅的可能性，并且百口莫辩；五是不敢拒绝，于是你终于发现你是那个不停被需要的人，也是那个他们可以不顾你的感受，随意指摘的人。

　　老人的也有老人的苦啊，比如，你工作那么多年，总不可能人人都与你为善吧，于是你终于也有了敌人，哪怕始终善良，不喜欢你的人，还可以说你是"伪善"；你可能工作真的很努力，业绩也很出色，可是你还是可能因为种种原因，失去了许多机会。

　　但你以为换个工作就顺心了？

　　人与事是世界上最复杂的东西。有人的地方就有事，有事的地方就有人。它与学习不同，学习是有标准答案的，但职场没有。言下之意是，有人在的地方，江湖就不可避免，有妖魔鬼怪，也有得道高僧，你觉得拼劲了全身的力气，也并不一定能行云四海。而你最好的成长，始终是，你变成了最好的自己，与生活和谐相处，让自己繁荣生长。

我很喜欢美剧《权力的游戏》里的一句话："永远不要忘记你是什么人，因为这个世界不会忘记，你要化阻力为助力，如此一来才没有弱点，用它来武装自己，就没有人可以用它来伤害你。"

我固执地认为，这就是变强大的理由。许多时候，我们总是让阻力暴露我们的弱点，然后让自己无法向前。

我们总是以为可以不断地逃离，离开自己不喜欢的地方。其实，你的弱点就是不喜欢的一切一直围绕着你的原因。无论前途多么艰险，你先让自己变成一个无法打败的人，然后，你会发现，所有所谓的不顺，都不过是身外之物。

不知道你有没有听过一句话：世人不会嫉妒比自己强大百倍的人，只会对比自己优秀一点点的人心怀嫉妒。

而我很想告诉你，强大的人，从不与人计较。说个最俗的道理，你不要总是想着逃离，先把自己变成野兽，然后，才有万千山水等你闯荡。

Part 3

你的从容，岁月会懂

日子是一张琐碎小事织成的网，我们都在网中活着，与岁月纠缠在一起丝丝入扣，我们要有平铺直叙的从容，也要有憧憬未来的勇气。

岁月给予从容的人，一定是最友好和温暖的拥抱。

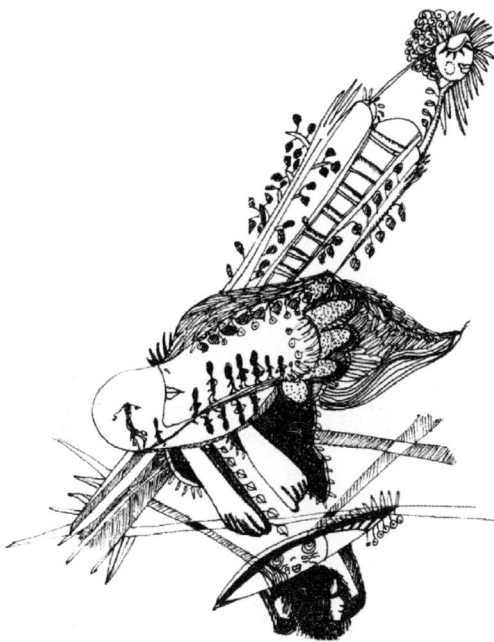

你的从容，岁月会懂

16 岁的时候，我的体育成绩总是最后一名。

人高马大，空长一副皮囊，说的大概就是我这样的人。常记得呼啸而过的北风，以及常常在及格边缘徘徊的自己，不管自己怎么努力，情况也不见起色。

有些时候，人生的轨迹，不是努力就可以把握的。除天赋以外，你或许需要比别人百倍努力，也只能达到十分之一而已。不公平这件事，你从来怪不得别人。

年少时害怕失败，于是把自己的无能无限放大。许多时候，我都觉得自己像个犯了错的孩子，不敢抬头看一眼任何人，也把这种抑郁藏在了心底。

终于有一天，我没有去上体育课，像个失落的孩子一个人躲在操场背后的小树林哭。那时的体育老师，是一个个头很小又很精神的女人，她把一支雪糕递给满头大汗又哭得压抑的我，说："不要太计较成绩，不是谁都非得去拔得头筹的。太重视结果的人，很容易遗忘过程的美好，而忘了初衷。"

后来的一两年里，每天早上，我会很早起床跑步，我会认真参加每一次训练，虽然体育还是那么糟糕。

但那些年坚持不懈的晨练，让我养成了早起的习惯，也让我懂得，付出不一定有回报，但岁月会用另外一种方式反馈给你。

曾经有一篇文章写到外国著名作家的退稿信，名单上有许多人，包括福克纳、奥斯丁、福楼拜、海明威、毛姆，他们在我们这些读者看来，是那么难以企及，光彩夺目得那么理所当然。可是，他们却还是经历了普通人的遭遇，他们唯一不同的，大约就是有了普通人所没有的天赋和历久的坚持。

我说这个并没有想安慰谁，只是想说任何我们看到的光鲜亮丽的人，谁不是在岁月里摸爬滚打一路走出来的？谁又能在一路奔跑的时候，就能看到终点的风景？

是啊，我们每个人都期待一种能够立刻看到答案的生活，就好像一张考卷，前一刻交卷，后一刻有了分数。但事实是，人生冗长，无论你大刀阔斧地前进，还是亦步亦趋地小心行走，都不是快刀斩乱麻般地和生活了断，而是在一肌一理地生长中和岁月水乳相容。

但我们也要清楚知道，我们大多数人这一辈子，注定会平凡，然而平凡人也可以有平凡人的从容。

我曾经遇到过一个老人，前两年刚刚去世，去世那年她 90岁。她让我知道，你做的许多事，并不需要最直接的答案，岁月给你的馈赠是让你更加容光焕发，更加喜欢生活。

这个老人啊，曾经也算是大户人家的姑娘，识字、懂针线，可惜时代早已让名门望族留在了历史里，而那些曾经的千金小姐、少爷，就这么在滚滚尘世间变成了普通人。

退休之后，她在我们家附近摆一个很小的摊。她是一个很高很瘦削的老人，这样的人，年轻时穿旗袍的样子一定很美吧。

她常常梳很好看的辫子，垂直着挂在下垂的胸前，偶尔会把头发盘起，戴上传统的发簪。她会涂很红的口红，也会搽一些香粉。那些年，我叫她外婆，她会咧着红唇对我笑。

她的摊真的很小很小，小到只有一张桌子，旁边还有一个载货的小三轮车。老人东西卖得很随意，专卖一些香囊和香袋，也偶尔会卖时令的艾饺和粽子，高兴的时候，把自己用过的皮夹丢在摊上，看看有没有有缘人带走。

因为是在同一条街上，母亲自然对她是有所耳闻的。但她自己，从来不说。一个人的时候，就坐着看报，有人来了，起身聊天，如果买主出现的时候，正是她聊天兴头上，她索性让买主把钱丢在她的小盒子里，自己取一个就是。

她好看的样子，总是让人疼惜，这样一个老人啊，虽然打扮得依然俏丽，可白发苍苍难免就有了风霜，可是，谁又真的懂她呢！

记得有一天，一个外地的游客，说要买了她所有的东西，希望她早点回家。

老人笑了："你以为我是因为穷才来外面摆摊讨生计的吗？我是想来外面度个高兴的晚年而已。"说完，还与人合了一张影。当然，这张照片再也没有寄回来，也不知道还在不在。

后来的许多年，她每个早上都会出来，从六十多岁到八十多岁，记忆中的她，除了节假日，几乎天天出街。她每天都高高兴兴地坐在那里，与人聊市井事，也开怀大笑。她还是那个好看的模样，任凭岁月流动，每天都无忧无虑。

"你每天赚多少钱？"有人问她。

"没赚，可是我高兴啊。"她笑得特别大声。这么多年，她好像从来没有老过，还是那个样子，除了步履缓慢，几乎看不出任何变化。而她的孩子也说，这个老太太啊，最让人羡慕的，就是身子骨和高兴劲。

我最后一次见她，是三年前的一个晚上。那一夜，我们坐在河边，她和我说了许多感言，却独独不提她从前的身份。

"我活到这个年纪，真的只想到两个字'知足'。年轻的时候，要懂拼搏，年老的时候，要知进退，但一生最需要的，是从容。从容这两个字啊，说说多容易，可我们的人生，拼命地在争取一些什么，最后也不过是尘归尘，土归土。时间宝贵，像你们这样的年轻人，保持一颗向上的心很好，保持一颗不功利和不浮躁的心，也很重要。你知道吗？我这一生最好的事，是活到了这个年纪，无病无痛。"

她说完的时候，忽然眼眶就红了，这些话啊，浓缩了她八十多年走过的路，有着浪淘沙后的晶莹剔透的智慧。

这次见面后的第二年，她就离开了人世，当时也没查出什么病，就像是蜡烛干了油就慢慢暗下去了。

后来的后来，我常常想起这些话，天地之间，谁都想以最舒服的状态生存，而这样的状态，就是从容。

博尔赫斯有一句话，我很喜欢，他说："日子是一张琐碎小事织成的网。"

　　是，日子，就是网啊。我们都在网中活着，与岁月纠缠在一起丝丝入扣，我们要有平铺直叙的从容，也要有憧憬未来的勇气。岁月会给人报应也会给人报答，而给予从容的人，一定是最友好和温暖的拥抱。

女人值不值钱，不是由婚姻决定的

有一封来自读者的来信：

小迈：小愚，我今年38岁了。我的先生出轨，可我真的很
爱他。我并无意于与他离婚，只是想说，你总是要多爱这个家一
些，否则真的会分崩离析的。结果我先生的话，简直让我心寒：
"你跟我离婚，看谁还要你，一个生过孩子的老女人。"

小愚：小迈，在一起最好，没有他也没关系。我告诉你，为
什么。

也不仅仅对女人，婚姻对于每一个人来说，都不是唯一的
外套。

岁月给每个人都穿上了很多件衣服——亲情是最贴心的内
衣，而婚姻、友情、工作、生活就是一件件外面的衣衫，一切都
不是唯一。

换言之，婚姻可以表现得光鲜亮丽，也可以衣衫褴褛；可以

让人视若珍宝，也可以弃之草芥，都没关系。因为婚姻之外，还有友情、工作和生活。你是不是明艳动人，绝不仅仅是婚姻能够决定的。

真正的英雄，是有了美满的婚姻，就有锦上添花的美丽，没了婚姻，依然有行走四方的勇气。

是，女人值不值钱，从来不是由婚姻决定的。

我遇到过一个女人，她们都叫她圆圈。我听完她的故事，只觉得一个女人在受过伤后，不悔恨也不缅怀过去，保持着坚持不懈对生活的热情，就是最好的顶天立地。就像罗曼·罗兰说的，真正的英雄主义，就是认清生活的真相后，依然热爱生活。圆圈姑娘不一定知道这句话，但她一定没有想到，她那么贴切地做着自己的英雄。

我遇到她的时候，她还是个姑娘。她是 20 世纪 80 年代的高中生，中学毕业分配工作后和我妈一个单位。那段时间，我妈在大厦里当营业员，于是，圆圈顺理成章地成了我妈的徒弟，印象中，这个爽朗的姑娘，总是化很浓的妆，打很重的腮红，说话嗓门特别大，每次和我爸去接我妈下班，总是老远就听到她的声音，还伴着哈哈哈的笑声。

从某种意义上讲，我应该叫她干姐姐，因为她叫我妈干妈。一个人与你有多好——不是和你在一起的时候有多亲密，而是分别之后有多牵挂。她和我妈的感情就是。许多年后，她都会在过年的时候来看望我妈，当然，我妈也常常跑去与她聊天。有时我会觉得自己是多余的，恍惚间，她们是阔别已久的母女，有热泪盈眶的情分。

她结婚的时候，我还只有七八岁。

在她那个被布置得红通通的家中，我妈是座上宾，我自然也是。我妈给我涂了胭脂，自己涂了口红，参加这个干姐姐的婚礼。我妈说："干女儿，你早点添个孩子。"

圆圈喜气地点点头，和每一个新婚的小女人一样，相信，执子之手，与子偕老这句话会在自己身上被动情地演绎。

婚姻这件衣服，从来没有非穿不可，就好像也没有不许谁穿一说。它和爱情不一样，爱情是浮于表面的琉璃，而婚姻是要穿上之后，才有切肤之体会。

结婚后的圆圈姑娘，并没有想到后来的一切。在孩子还不到一岁的时候，婚姻里的两个人开始争执、吵闹，不可调和。没日没夜地摔碗，没日没夜地厮打。她大概从来不知道，自己的爽朗性格最大的用处，竟然是让自己在吵架的时候，不至于落败。身上的淤青让她不得不每天穿着长袖出门，也让心寒的她慢慢对婚姻缴械投降。

我曾经做过一个调查，30％的离婚是由时常争吵演变而来的。当争吵不再是简单的拌嘴，而成为一种粗鲁的习惯，其实彼此是会有倦怠感和恐惧感的。没有一个人不希望过平静的婚姻生活，波涛汹涌的婚姻从来是不会长久的，风平浪静才是婚姻的本质。

男人很少道歉，就像是一个惯犯，所做的一切不停地挑战着她的底线。

"你一个女人，结了婚后，打折都没人要！"男人的话就是刀一样割痛了她。

在孩子四岁那年，圆圈毅然决然地离开了那个男人。国企改制，让许多人从旱涝保收的工作迅速退了下来，而没有任何技能的她和所有人一样，并不知道该去何处。婚姻和工作的连番打击，让圆圈一时间不再那么爱笑了。

我妈问："如果那个男人愿意回头来找你，你还会和他在一起吗？"我妈这样问，自然是有原因的。一个深夜，那个男人敲开了我家的门，求我妈告诉圆圈，再给他最后一次机会。我妈没有答应，只说了一句，试试吧。

圆圈说："我没有一点怨恨他，只是我们的生活不合拍。"

"那你以后打算怎么办？一个人带着孩子，如今又一下断了经济来源。这对于一个女人来说，并不是很有利。"

圆圈没有说话。

隔着客厅的窗纱，11 岁的我，第一次感觉到一个女人的老去，仿佛就是那么一瞬，而变得高大，也只要一刻而已。

圆圈在外面租了个房子，没有回母亲家。嫁出的女儿，如果因为离婚而回家住，在我们这个小城市，是会被诟病的。圆圈在银行找了一份拉存款的工作，把自己的孩子送进了幼儿园。

圆圈说："再回头看那段时间，真的是苦不堪言。孩子小，自己又毫无事业可言，最差的时候，一个鸡蛋吃两顿。谈前途，又哪有什么前途可谈。唯一支撑自己的，是一定要人模狗样地活下去啊。"

我妈说："我不怕你没工作，我最怕的，是你一个人该怎么办。只是，那段时间，你还是高高兴兴的啊，一点也看不出情绪。"

圆圈笑了。

我大约这辈子都忘不了，爸妈从银行里拿出所有的积蓄，放在她的手中，她一下就落泪的样子。她忽然就擦干了眼泪，说了声谢谢，又骑上自行车，蹬着骑远了。

而我妈呢，一边看着她的背影，一边也红了眼眶。

这个世界没有什么天生女强人，只有为了生活不断努力的好女人。在日复一日的奔跑中，圆圈的世界里，开始慢慢转得流畅起来。

"离婚这件事，如果对女人没有伤害，那一定是假的。但不管是男人还是女人，都不能把任何一件事作为自己的唯一。否则一旦失去了它，天好像就真的塌下来了。"前段日子，圆圈坐在自己的车子里和我妈这样说。

十多年后，她买了房子也买了车子，女儿上了高中。每天的日子井然有序，白天跑业务，晚上料理女儿的生活，闲时去美容院，也去健身，周末送女儿上补习班，自己去喝茶，一个健康的中年女子的生活。

"或许找个人结婚，会更好一些。"我妈试探着问。

圆圈说："有个伴自然是好事，没个伴也真的没关系。一个人也可以过。"圆圈的妆容还是和初初见到她的时候一样，浓烈又奔放，好像有使不完的劲。

张爱玲的《花凋》有一句话："笑，全世界便与你同声笑，哭，你便独自哭。"生而为人，世事纷扰。在删繁就简的日子里，我们要学会选择，学会放弃，学会接受，学会删减。许多时候，不是你留了下来，一切就会变好。

生活不容易，你要学会留下，也要记得勇敢地告别过去。

有一种教养，叫不随便麻烦别人

知乎上曾经有一个问题是：日本人不给人添麻烦到什么程度？

里面有一个呼声很高的答案，类似我听到过的一个版本。

我一个朋友在日本留学，后来在一家日本企业实习。

其实，他对于日本人的不麻烦别人早就感受至深。但在企业实习的那一次经历，却让他知道，每一个人都是独立的个体，换言之，在独立的体系里，每个人都有自己的事要做。不要觉得帮助别人是天经地义，许多时候，只有雪中送炭才有用。

他刚进单位的时候，依然还有一种根深蒂固的"勤学勤问是美德"的观念。然而他却忘了，他的勤问需要别人付出时间的代价。

第一次的请教，就让他觉得自己简直犯了一个天大的错误。他真的只是想问那张图纸为什么这样设计，结果他的同事，花了一个中午整理了厚厚的一叠资料，并抱歉地说："不好意思，让你等那么久了。"

资料足足有十多张，看得出来，同事花了很大的心思，特别是那双疲倦的眼睛，带着一个中午没有休息的神情。

从那以后，朋友决定，如果不是特殊情况，就尽量不会麻烦别人。

是，"不给人添麻烦"是日本人的第一行为准则，这句话出日本现在给孩子学习的《社会生活教育》第一章。在国人眼中，日本人的"不麻烦别人"简直太极端。但在日本人看来，不到万不得已，就尽量不要麻烦别人。他们觉得一旦有人求助于自己，就要全力以赴，因为对方一定是碰到了棘手的问题。

我无意于用这个作为任何素质之类的对比，就好像任何一个民族的任何行为的存在，都有它的合理性。

但就事论事，我们周围那些随意麻烦人的人，实在太多了。

我在一篇文章《对不起，别再夸我是好人了》里写过我朋友的同事，他的同事并没有意识到，随意麻烦别人送他回家，其实是一件很不礼貌的行为。

原因很简单，从单位到他家有公交车，也就是并不存在如果不搭同事的车，就有可能回不了家的情况。求助和麻烦的区别在于，麻烦是有别的途径可以选择，而如果无路可选，就可以称之为求助。

他一直觉得，因为他们是同事，有某种密切的关系，所以，别人得帮助他。可是，殊不知，这是在别人的生活体系里平白无故多了一个人，他又怎能理直气壮地打扰。

我在广告公司实习的时候，对和我同期的实习生印象特别深刻。那天，有个同事正在与人聊天，然后接到了一个快递员的电话。

同事走到实习生面前说："你帮我去拿一下快递。"

然后刚想回头，继续与人聊天，结果，那个实习生并没有从位置上站起来，而是说了一句："我现在在工作啊。"

我可以证明，他当时确实在工作。而这个同事之所以不来找我，大约是因为我师父正在和我商讨文案，所以那个同事会觉得这件事自然而然会打扰到我师父。

那个同事说："你帮我去拿一下，就当是活动一下。"

实习生却义正词严地说："我现在真的很忙，不好意思。"

同事有点尴尬，斜了他一眼，然后自己下楼了。同事自然不开心了，许多人也都朝实习生侧目，毕竟大多数实习生都会连连应好，不假思索地下去，或者心里再不情愿，背地里发发牢骚也会下楼。而他，偏偏成了那个另类。

中午吃饭的时候，我小心翼翼地问他："你还真是挺直接的，其实……"

他说："我知道你想说什么。一，他当时并没有任何事，如果他很忙，那么我二话不说下楼帮他取件；二，我当时很忙，我觉得工作比这件多余的事重要多了；三，你可以认为我势力，如果是我的直接领导，我立刻下楼去拿。"

他把这件事直接说成是多余的事。

"你要知道，不麻烦别人是一种教养，而不让别人随意麻烦，是你的本事。人情这回事，从来没有谁欠了谁。"他接着说。

是，大多数时候，我们顺从了别人的请求，于是让别人习惯了请求，以至于到后来，如果自己不答应时，反而觉得欠了别人的人情。

后来我发现，他和所有新人，包括我们这些实习生，有一个最大的不同，就是很少去问别人问题，但你可以看到每一次的项目，他都有最好的 idea，也可以轻而易举地获得别人的赞扬。

师父交给他的任务，他会在第一时间把所有的要求询问完，然后，回到座位后，就开始一个人在电脑前查资料。你会看到他，有时也会在中午跑很远的路，去书店买书，或是去楼下报刊亭买一堆杂志，他会在电脑前思考很久，但他很少去问他的师父"该怎么做，该做什么"，至于寻常的诸如，"能不能告诉我什么在哪里"，"你能不能借我什么"之类的就更少见了。

有人和他开玩笑，怎么不好好用师父，他笑着说："自己的事情自己做，这个最简单的道理，从小时候就懂了啊。"

你觉得他团队合作能力很差吗？一点都不！他的师父在实习总结里，这样形容他：优秀的人，都会低调沉稳，踏实肯干。你觉得他就像是潜入水底的鱼，和所有人都保持着步调一致，又积聚着巨大的能力，只会在跃龙门的时候生龙活虎。

是，一个人的教养，就是不麻烦别人，而一个人最大的本事，也是拒绝别人并不是非你不可的麻烦。这不代表孤僻，更不代表与人隔离，它是告诉别人，每个人都独立，每个人也都友好，独立与友好是平行线，不要随意打扰他人的独立，更不要无端介入，因为每个人的时间都有限，谁都不是为谁而活着的啊。

我想起一句经典名言："面对现实吧，我们要靠自己。"圈子之内，人情之外，我们都要像战士一样活着，用一个人的勇气和志气，跨越山川湖海，最后与人说起所经历的一切，都是自己一路走来咬着牙坚持下来收获的财富。

愿所有深情不被辜负，愿你的真心也有人懂

有一句话叫：感情不分对错，真心也不分。

年幼的时候，我以为，这个世界的感情，总是完美的，既可以门当户对，又可以相濡以沫。

慢慢长大后才发现，感情和生活一样，总是不完美的。只是可歌可泣的爱情里，总有那么一些让你泪流满面，感动不已的画面。就像张爱玲说的："你问我爱你值不值得，其实你应该知道，爱就是不问值不值得。"

沈巷，25年前她来到这座城市。那一年，她在商店买东西的时候，遇到了我的邻居胡天。

沈巷是一个美得标致的姑娘，美到有穿透力的眼睛，及腰的长发，高鼻梁以及樱桃小嘴，写着一脸的"美好以及好相处"。就如她第一次走进我们宿舍楼，穿着大红的外套，喜气洋洋。过时的红外套，穿在她身上，让人感觉，只要人美，穿什么衣服都有味道。

　　但胡天的母亲不同意他们在一起，嫌弃沈巷是个农村姑娘。是啊，那个年代，"农村户口"好像一个人身上的标签，与城市的人格格不入。沈巷的第一次与胡天的家长的会面气氛很不愉快。

　　后来，我母亲才知道。沈巷也是背着父母和胡天在一起的。沈巷的家族在农村威望极高，沈巷又是个漂亮的姑娘，为人礼貌又机灵，到他家提亲的男孩子特别多，别说农村，城市的也不少。

　　"我们也舍不得我们的姑娘啊。论条件，我们家比他们家好多了，还非得被说成'想拿个城市户口'。还不是因为我们家姑娘喜欢，我们才从了他俩。"

　　这些话，是有一年胡天的母亲去世，沈巷的父母来参加葬礼，在一起吃饭时提起的。沈巷自己并没有说过。

　　胡天的父母身体并不好，很早就在家休息了，全家要靠父亲打点零工生活。

　　胡天从小就很执拗，长得普通，学习也普通，上班懒散，时常被单位扣工资，还常常赌气回家赖着不去上班。他最爱的是写作。

　　我始终相信，如果一个人过于狂热地追求一件事情，很容易跑偏，尤其是意志力薄弱的人。胡天就是这样。很长一段时间，他常常一个人写到深夜。然后第二天写到太阳高照，才骑着自行车，慢吞吞地出门。我看着胡天一封封地寄信，然后一封封的音讯全无，伴随着的，是越来越邋遢的脸庞，以及越来越瘦的身体。

　　胡天的父母最终还是同意沈巷成为他们的媳妇。门第观念真是可怕，自恃城里人的身份好像就可以把自己高看一些，比如胡天的母亲，总是斜着眼看沈巷。但沈巷是喜欢胡天的，用她的话说，这一生啊，就是缘分，你说对了也好，错了也罢，她就是想和他在一起。

周围人常常疑问一件事：胡天真的没什么好。其实，凭沈巷的条件啊，是完全可以离开他的。

可感情就是那么奇怪，爱上了，好像就是一辈子，甚至不明缘由。

结婚后，胡天还是原来的胡天。他就是个孩子，任性，不懂事，后来索性不上班了，只是一股脑儿写作。

村上春树有一次答读者问，一个读者问他，如何提高写作。他不假思索答，看天赋。

我始终觉得，大部分人，包括我们这些平凡人，始终只能把写作当作一种兴趣，而不是当作一种出路。

胡天不是，他就是喜欢，虽然一直到如今，也一篇文章都没有发出来。你可以认为这样的结果，不代表胡天写得不好。但我相信，你能不能成功，除了运气，真的也需要一点点的实力。

那时的沈巷，在一家饭店洗盘子，早上十点上班，晚上八点半下班。一家人所有的开销全靠沈巷。

为了能每月多拿200元的薪水，她主动承担了大厅的清理工作，忙的时候，到夜里十一二点才能回家。第二天，还是骑着自行车，早早去上班。

2003年，胡天被检查出患了抑郁症，整天昏睡，醒来后，也常常坐在家门口发呆。胡天的父母身体越发差了，两个老人的医药费花去了沈巷的大部分工资。没有办法，沈巷会在每天下午请一个小时的假，回家做饭，打扫房间，然后骑着自行车继续上班。之后的三年内，胡天的父母相继去世。这个家，只有沈巷一个人在支撑着维持下去了。

有人对她说："沈巷啊，你索性回农村吧，三十好几的人了。你看这个家也不像家了，你付出了那么多，也算仁至义尽了。这个胡天，我看也未必还有起色。"

沈巷没有说话。许多个早上，她在家门口，洗一堆又一堆的衣服，胡天睡在那里，狭小的空间里，看得清楚那张脸。而沈巷的脸上铆足了劲，谁的话都不听，她都只听自己的。

沈巷说，她要做胡天的心理按摩师，慢慢地让胡天醒过来。

我们楼里有两对夫妻，他们让我们看到爱情高于物质的可能性。一对夫妻，丈夫也是抑郁症，在妻子的照料下，现在在工厂里打工。还有一对就是沈巷和胡天了。大多数人都在追求梦想的过程中折翼，不过是，有些回到了现实中，有些仍旧在追求梦想。

胡天每天都要吃药，他也不再写作了。他后来说，他写作其实就是为了不上班。不知道是不是真的。可是，是自己梦碎的托词也罢，还是真相确实如此，真的都不重要了。我只看到沈巷，每个早上给胡天做好饭，放在桌子上，在不知睡着还是醒着的胡天耳边轻声说上两句，然后出门。

很多人劝她，何必呢！

沈巷没有吭声。是，胡天越来越胖了，岁月和药物让那个曾经的男子，变得大腹便便而不再有朝气。而沈巷也清晰地感受到了世事风霜，镜子里的那个小姑娘，开始有了皱纹，有了白发，有了眼角抹也抹不去的岁月留痕。

我问她："你就那么喜欢他？"

"结婚那么久了，还有何谈喜欢不喜欢。就像是你生命中的礼物，你总不想让它布满灰尘，总想让它一尘不染地活在这个世界，用最好看的样子。"忘了说，沈巷终究还是读书人，偶尔说的两句话，竟也让你无理反驳。

休息日，胡天醒来之后，沈巷就牵着他的手出门，他们的身影在朝霞中离开，又从夕阳里回来。回来时，他们手上会拎着许多东西，有时是酥鱼，有时是烤鸡，有时是一把扇子，有时是一个布包。

一起回来的，大概还有好情绪，就看着他们晃着自己喜欢的小玩意，笑嘻嘻的样子，好像一直笑着就可以回到从前。

好像是一个春天，沈巷和胡天买了小三轮车、保温饭桶、高高的煤炉，满满地堆在家门口。

沈巷和母亲说，胡天想出街做早餐，手续什么的都在办理了，技艺也学得差不多了。

也好，也好。沈巷好像是在对自己说一般，泪水溢满了眼眶。

胡天自然是没有看到的。他胖胖的身子忙进忙出，东西一件件地整理了一遍又一遍，擦拭了一遍又一遍。就好像那些对上学期待已久的孩子啊，总是会一遍一遍地整理书包和文具，然后满怀希望地出发。

经过一段黑暗的路，然后又通过自己咬着牙的努力，最后绝地逢生，大约没有比这更好的事了。

许多个下午回家时，我都会看到沈巷和胡天在准备第二天出街的一切，胡天有时会和沈巷开玩笑，而沈巷高兴得像个孩子。沈巷已经不再去饭店了，但在饭店里的工作经历，倒是让她做任何事都井井有条。许多个早上，听到他们的三轮车开了锁，然后两个人轻轻地出门，一步一步地，轻松而秩序井然。

生活慢慢地就好起来了。好起来的生活，从来不是有了多少钱，而是你们牵着手走在了同一条路上。

胡天和沈巷没有要孩子。沈巷 40 多岁了，胡天也是。因为胡天曾经服过药，沈巷害怕对孩子会有影响。但她说，她已经把胡天当作是自己的孩子了，彼此相依相偎，就够了。

前些日子，沈巷生日，胡天买了一个很大的蛋糕拎回家，在门口一边敲门一边说："老婆啊，我回来了。"

那个夜晚，很亮很亮的烛光隔着纱窗，印着两张中年人的脸，岁月无情，还好人有情。

"少年夫妻老来伴啊。"沈巷说。

胡天说："希望从今以后，我不会再辜负你了。"

我听到的那一刻，眼前浮现的都是他们走过的路。似乎听到的不是低声细语的情话，是他们一路走来藏在心底的情感。愿所有深情不被辜负，愿你的真心也有人懂。

患难是人生的照妖镜

"摧残爱情的方式很多，不过连根拔起的狂风暴雨，却是借钱。"这是福楼拜的《包法利夫人》中，在写到包法利夫人走投无路时，找那个跟她风花雪月的罗道尔弗借钱，却被无情拒绝时说的一句话。当年我还是学生时对这句话做了无数次笔记，在多年之后，却有了最深刻的体悟。

我想说，何止爱情。所有你患难的时刻，都是能够见真情的，也是能够现原形的时刻。它就是一面照妖镜，清晰地告诉你，谁是患难之交，谁又会形同陌路。

有一句话是：所有经不起考验的情感，都有一个共同点——你最好的时光，就是你们最温暖的时刻；而你患难的时刻，就是你们感情的句点，而从今往后的每一刻，你们都会回到原点，然后形同陌路。

我最深刻地感觉到人与人之间的虚情假意是在六年前，一个夏天的夜晚，我目睹了一个男人如何被自己曾经最信任的朋友一个个抛弃。

而那种感觉，如今想起来，依旧有一种来自血液的刺骨，把友情所有的美好敲得粉碎。

事情的起因来自于胡叔叔的借钱事件。

胡叔叔是我父亲的至交，素日他们有一圈好友，时常一起喝茶、谈天，偶尔也一起爬山、外出旅行。他们的友情，在我还只有八九岁的时候就开始了，父亲至今想起来，都觉得难过，就好像把曾经的友情扒了皮，然后赤裸裸地告诉你，友情是个什么鬼。

那一年，胡叔叔的厂第一次出现了资金问题，需要周转资金60万元。你可能会说：他怎么不去银行借呢？因为立刻、马上就要。

因为我家差不多是这群好友的中心，于是，大家把地点放在了我家。前两天，父亲已经与母亲商量过了，母亲也算开明，第二天就把银行定期储蓄的十万元拿了出来，这样一来定期储蓄的利息是没了。但母亲也没说什么，她一大早拿着一个黑色袋子，把一袋钱抱回了家。

借钱这件事是在饭桌上进行的，母亲负责做菜，我负责斟酒。场面显然没有了从前那么活泼，彼此有一搭没一搭地说着，沉闷得很。

胡叔叔在跟前放了一张纸、一支笔、一颗公司章还有他的个人章。一巡过后，胡叔叔还是把借钱的事放在了台面上。

胡叔叔的大意是：这次确实出现了资金问题，但在两个月内一定如数归还。如果涉及银行的利息差，也如数补上。他说，大家朋友十多年了，第一次开口，真的也是没办法。借钱对于一个男人来说，大概真的需要很大的勇气。他说完，就把一杯白酒饮尽。

没有人说话，现场的气氛真的格外沉闷。

没过多久，有一个人走了，说"家里有事，要去接孩子夜自习放学"。胡叔叔显得有点尴尬，但还是客气地彼此说"再见"。

有个他们叫老黄的，一直顾着自己喝酒，他是第二个说话的："老胡，不是我说你，你把房子卖了不就结了，这一凑二凑的，要是凑不齐怎么办？"胡叔叔没有说话，低着头，像个犯了错的孩子。父亲说，他从来没见老胡这样落寞过。

接下来的几个人也都说着没钱，"恩断义绝"地说着好听的狠话，然后一个个地离开。我就这样看到胡叔叔的脸，一点点地变得苍白而无力，像夜晚的星光，被漫天的乌云遮住了光芒。

最后，只剩下了父亲和高叔叔。高叔叔是他们中过得最辛苦的一个人，有两个还在上学的孩子，但他还是拿来了五万元。还有父亲，那一年，父亲几乎把 80% 的钱都放进了股市，身上已经没有多少钱了，这十万元，对于当时我家来说，已是一笔不小的数目。但他说，老胡不常开口借钱，既然开了这个口，就不能辜负这十多年的感情。

没到两个月，胡叔叔就把十万元钱还给了父亲。胡叔叔想给父亲利息，被父亲拒绝了。后来，我问过父亲，如果胡叔叔没有把钱还给你，怎么办？

他说："老胡不会。你在一个十多年的朋友最困难的时刻不帮一把，从今往后，你跟人谈感情，不觉得羞愧吗？反正我觉得再也没脸了。患难见真情，你还真别不信。"

父亲说得笃定，说真的，一直到今天，我都可以记起那个时候的场景和父亲冷酷的表情。

那一刻，我终于明白了一句话：金钱从来都是友情的试金石。

我时常觉得自己骨子里的内向和孤独，来自于中学时代。那三年的感觉，至今回味，仍可以感受到那种心寒。

初一开始，青春期的荷尔蒙在我身上残酷地围了一圈，体重一度到达了130斤瘦不下来，我整天拖着肥胖的身体，不敢抬头看人。时常有女孩说我那么胖，是没资格被人喜欢的。我没有吭声，胖是事实，自卑也是事实。然后没多久，一些早恋的流言，让我贴上了思想不纯的标签；而我固执地写作，又让老师一遍遍地家访。同学当然不会喜欢一个老师不喜欢的学生，何况也真的会有那么两三个与你气场不和的人，一遍遍地散布着你的不是。

有一段时间，集体活动的时候，我时常一个人站在角落里，看别人一起玩耍，我也会很羡慕，偶尔忍不住要求参加，也一次次地被"拒绝"。说真的，那时的我，真的没有强大到"经得起多大的诋毁，就有多大的赞美"，我一度还患上了"集体恐惧症"，每次集体活动前，我都会特别担心，我甚至时常希望下大雨，然后就没有所谓的"集体活动"了。

但我记得当时班上有一个同学，我记得她叫S。前段时间，我碰到她，还会想到那些年她给我的温暖。

她是一个长得很高、皮肤黝黑的女孩子，和许多同学相比，她实在算不得起眼。但于我来说，她是我至今念念不忘的人。那一次，她见我一个人站在那里，主动喊我的名字一起玩，事实上，她们已经有四个人在一起玩了，而我去了，显然不太合适。一个人被孤立了很久，也习惯了不再融入，我摇摇头，红着脸说："你们玩吧。"她走了过来，搂着我就走。十四五岁的小姑娘啊，那一刻我就哭了。

往后的一段日子，我便融入了她们的队伍，那种感觉就是，你被需要和存在，会格外高兴。后来，班主任和我的母亲说起这件事，母亲问我，为什么要和中等生一起玩，不是应该主动融入优秀学生的队伍吗？

我给母亲打了一个比方：如果有一天，所有的人都不和你玩了，而有一个人愿意与你玩，你是继续一个人，还是和那个人走。

母亲点点头，说："只要你高兴就好。"

其实，熙熙攘攘的时候，你从来都没有朋友，患难的时候才有。因为就像是一场洗礼，所有经不起考验的感情都会被摧毁、会离开，而那始终在你身边的，便是你触手可及的温暖。

三毛有一篇散文叫《朋友》，里面有一段是这样写的："朋友还是必须分类的——例如图书，一架一架混不得。过分混杂，匆忙中去急着去找，往往找错类别。也是一种神秘的情，来无影，去无踪，友情再深厚，缘分尽了，就成陌路。"

其实，我一直觉得整理身边人，是一门学问。不要难过于任何一次来自于朋友的打击，风崩瓦解又怎样，只是代表你过去走了弯路，错付了一段感情。历经了筛选的朋友，便显得更加真情可贵。

至于患难这件事，该是最好的放大镜。因为只有那一刻，真情会无限放大，那些虚情假意，也往往无处遁形。

把值得留下的留下，让该走的离开，就是人生最大的幸运。

嫁对人是一种怎样的感觉

我一直相信一句话，一个女人幸福还是不幸福，其实都写在脸上。

岁月会在一个人身上生出纹理，也会给他一张独一无二的脸。你的脸上，有你走过的路，你看过的风景，你爱过的人和被爱的痕迹。

说一个有春暖花开般感觉的小故事。这个故事让我终于知道，有一种幸运，叫嫁对了人。

前段时间，去 H 城参加一个书友会。那天人很多，阴沉的天色，预示着将会有一场大雨，可是谁都没有离去。

坐在我身边的，是一个五十多岁的女人，穿着长长的线衫，涂着鲜艳的口红。她坐下的那一刻，自我介绍说，她叫苏姐。

书友会有着意料中的陈述和互动，以及意料中的那一场雨，在结束后，如期而至。

出门前，老陈就和我抱歉，因为他今天加班的缘故，可能需要我自己回家。H 城的交通一直是个问题，尤其是到了下班时间，整个城市就像是一个饱腹的胃，所有的车子都在蠕动，并消化不良。所以，我讨厌坐公交。但这样的时刻，也不得不做一个懂事的女人，于是我高兴地说："好。"

苏姐问我："怎么回去？"

我说："坐公交吧。"

苏姐说："我在城东，不介意的话，坐我们的车。"

城东正好是老陈所在单位的方向。倒不是因为安全的缘故，只是平白无故地坐刚认识人的车，心里总是过意不去。

苏姐一手拉着我，一手往楼下奔去："走吧走吧，我先生已经等着了。"

下楼的时候，她的先生老徐的车子已经停在路边了。

后来我才知道，老徐把车停在附近停车场，坐在车上，整整等了苏姐两个半小时。

"在这儿呢！"老徐摇下窗叫苏姐。

"这是老徐，我的先生。这是小愚，我刚认识的，和我们一路。"老徐和我微微点了点头。

"帮你把后备厢的鞋子、裤子都放在车上了，好像有点脏，我刚才简单用纸巾擦了一下。"老徐似乎已经习惯了做这一切，苏姐呢，一边换鞋子，一边有一搭没一搭地和老徐撒娇。

老徐摇摇头，宠溺地笑了："没个正经。"

苏姐刚刚退休两年多。她的先生早年从商，50 岁那年，在企业发展最好的时候，从董事长的位置急流勇退，将公司全权交给了他的弟弟。用他的话说，企业不大，但这些年赚的钱足够他们后半辈子不至于活得太辛苦。

老徐说："还不是为了孩子，孩子高二那年，老苏的母亲去世了，孩子马上要高考，家里没个照应的人。老苏呢，不会做饭，另外还有她的生活，比如要上班，要看书，也喜欢参加派对。我思来想去，还是牺牲我吧。"

这是我第一次听到一个男人说，为了家庭牺牲自己的事业，并且义无反顾。

"说句土的话，赚钱这件事从来没有尽头，它的尽头在你的手中，壮士扼腕，放下了也就放下了。"老徐说得朴实，一字一顿听起来都格外清晰。

"你是不是又想告诉人家，我们是青梅竹马。"苏姐红着脸说，"每次都是这些话。"

时光真是件好东西。对世事洗练之后，倒是对许多人和事可以坦然，可以放开了说，也能尽情说。

"难道不是吗?"老徐说，"我们小时候住得很近，我见过她被她父亲打哭的样子，也见过她蓬头垢面的模样，没有人比我更适合她了。"

相爱的人，从来不知道秀恩爱这回事，他们之间随意的一句话，就是他们生活的真实形式。

"你也没个正经。"苏姐拍打着老徐前座的后背，老徐勾了勾肩，后视镜中的笑容，真是打情骂俏的模样。

"嗯，小时候我们住得很近，有时候还一起放学回家。后来因为拆迁，搬走了。然后，有一次在同学的婚礼上，又相见了。

你也知道，从前哪是现在，现在小学生都是人手一部手机，那时毕业后，可能真的一辈子都不会见面了。"苏姐说到这一段有点动情。

我忽然觉得我要感谢这个时代，让我和老陈也不至于失散。像老陈这样，性格孤僻到极点的人，除了电话里还能结结巴巴表白，如果非得让我去和他示好，我可做不到。

"我这个人缺点也明显，做饭水平太差，也不会打扫卫生，待家里也不合适。他也体谅我，从前，企业刚起步的时候，每个周末，无论多忙，他都会骑着自行车回来帮我烧饭，然后再出去应酬。有些事就是天生弱项，改也改不了。"苏姐说。

呵，听到这，我笑了。我身上最大的缺点也是这个了，并好像一副"我弱我有理"的样子。

先生老陈短信问我，有没有上车？外面的雨下得紧，打得车窗噼里啪啦。

"我没什么爱好，就是喜欢读读书。"苏姐说。

有些女人天生就不只是为了家庭而生的，她们有她们的世界，而幸运的是，她们也有她们的宠爱。

我很喜欢张充和写的一首词："记取武陵溪畔路，春风何限根芽，人间装点自由他，愿为波底蝶，随意到天涯。描就春痕无著处，最怜泡影身家。试将飞盖约残花，轻绡都是泪，和雾落平沙。"

她是著名的诗词家和昆曲家，和傅汉斯——这个她口中"单纯的好人"组建家庭后，依旧可以唱《游园惊梦》，依旧可

干得漂亮是能力，活得漂亮是本事

以有她的书画展，依旧流传下她的书。而她又是傅汉斯最爱的人。

身为常人，我们无法与身为名人的她相比，但身为女人最好的事，是结婚之后，你的爱人，愿意爱着你爱的一切，而你也不必为了家庭然后迫不得已地放弃自己的喜好。

苏姐翻开笔记本，上面有她刚列的书单，她问我，有没有好书推荐，等下就要让老徐去网上购买。

"她是个电子盲，你看她的手机就知道了，只会用老年机。电脑也不会用，电视机除了会开关换频道也什么都不会，其他电子产品也是。不过也好，这样她就更加需要我了。"老徐笑得很大声，那种孩童式的样子。

苏姐装作特别难堪的样子："不理他，由着他去。"

你爱着我的时候，我正好爱着你，就是幸运。

这件事我曾经与人讨论过：假如这个男子没那么有钱？是不是也是嫁对人。

能不能足够爱你与有没有钱并没有足够的联系。因为有钱和没钱并没有足够的标准，而爱你是有标准的，那就是，让你觉得被爱着。

我一直觉得一个男人如果真的爱你，一定会爱着你的一切。你不是他的全世界，可他的全世界都是会给你的。面包和爱情，原谅和尊重，一个不少。

车上，老陈还在说："原本她退休了，孩子也读了大学，我该清闲了。但退休后，她可忙了。

"她想去旅行的时候，我给她买机票、订旅馆、提行李。

"她说自驾游，我就开着车带她去，陪她去过许多个她想去的地方，我们上过许多图片的当，到了那里除了一片荒芜，以及人烟稀少，什么都没有。

"刚才说的事，买书，是每个月的必做的事。

"平时，她要出去活动，我就当司机，在外面等他。我不太喜欢热闹，从前也是，从前不过逢场作戏，现在终于回归了安静。

"她最近还迷恋插花，那个学插花的地方极远，不过她喜欢就好了。"

苏姐说："你又没什么兴趣爱好，和我一起多多外出不是挺好。"

老徐咧了咧嘴："真的谢谢你噢。"

我终于感觉到，那种发自内心的秀恩爱，其实真的不讨厌。

下雨天，原本一个小时的车程，被无限拉长。到达老陈单位的时候，老陈已经站在门口了，拿着伞，他请了两个小时的假。他见到我的第一句是："那么大的雨，真的不应该去参加活动啊。"

老陈就是这样的，我常常活在他的责备中，但他又会无限地为我做许多体贴的事。

老陈留他们一起吃晚饭。席间苏姐说的有一句话让我印象深刻："我见到你们两个，就仿佛看到我们年轻的时候。说真的，我不知道你们以后会不会如今天一样，结了婚依旧觉得还在恋爱。但我觉得他喜欢你，并尊重你，就是嫁对了人。"

　　什么是嫁对人？你们在最美的年华相遇，在最好的时间成长。在年轻的时候牵手，在老去的时候相依。

　　我记得老陈曾经和我说，有时也会想，两个人走的时间久一点，留谁一个人在世界，可能都不会太好过。

　　是，彼此需要，愿意到老，就是天造地设的难得。

与孤独签一个体面的协议

18 岁那年，我和父亲去农村参加一场葬礼，去世的是我奶奶的"结拜姐妹"。那一天，我们刚从另外一个地方回来，还没到家，听说消息后又掉转车子，赶去农村。这之前，我从来没有见过农村的丧事。如果不是急着要去，我想，父亲也是会把我送到家，再一个人独自前往的。

还没走近，沉闷的哀乐就穿越过树丛，一直钻到车子里，许多人的哭声夹杂在一起，刺激着我的泪腺。对于奶奶的这个结拜姐妹，我并没有太深的印象。可是，我的内心，总是会对死亡充满着恐惧和敬畏，也对过世的人充满着遗憾和惋惜。

车子越来越近，悲伤扑面而来，钻心钻肺。女人的哭声、男人的哭声、小孩的哭声，伴随着直上云霄的哭天喊地。坐在车子里的父亲，突然，冷冷地说了一句："死亡果然比活着热闹多了。"

车子停在村外，我们下车后一边走，一边听许多邻居在说，这些年的除夕，她家的灯是关得最早的。时常可以在下午三点半的时候，看到一个老人，围着围巾坐在冰天雪地的院子里，桌子上有两三盘冷菜，还有雷打不动的一盆冻肉和一盆冻鱼，一口一口地慢慢吃。流浪狗和流浪猫走过的时候，她就把鱼骨头和肉骨头往地上扔。吃完饭，一个人颤巍巍地把所有的东西收拾好，端坐在门口，看到有人的时候，就慈祥地笑，到了天黑，就一个人进屋。

父亲说，老太的儿子、女儿都在农村，儿子半年来一次，女儿也要两三个月才来一次。常常是坐一会，丢下几百元就走了。幸亏老太是个乐观的人。这些年，一个人的日子也过得也有条有理，每年去集镇给自己买一套新衣服。而且手脚也利索，她把自己的头发盘起来，用许多发卡把碎发夹住，看起来总是干干净净的。最后的一段日子，被检查出身体有点异样，子女陪着过了两三个晚上，没想到，那么快就走了。

我恍惚间，眼前就出现了这个场面，眼泪大滴大滴地往下掉。父亲惊奇地望着我，他大概也没有料到，与这个外婆本没有什么交情的我，悲伤的情绪丝毫不逊于她的孙女。

从家里到殡仪馆，最后的遗体告别会体面而端正，所有的仪式，一样不缺。可一直到送她出丧的那一天，我都情绪低落。

回家的车上，父亲握了握我的手说："别哭了，其实，每个人的一生都活得很孤独，只是所有的表现不同而已。"

我知道，他是在安慰我，但这又是句大实话。这是我第一次体会到什么叫热闹，什么又是孤独。

人这一生，最热闹的，永远是两个时候。一个是生，所有人都期待你的到来，在你还未出世的时候，为你准备好一切，而你的到来，仿佛在告诉世界：你是多么重要。另一个是死，死亡的到来，让那些曾经在你身边的人，忽然就意识到，从你进入那个坟墓开始，往后你每一天，或许都不得不在照片里与你对视。除此之外，你的人生，或许有许多人的来来往往，却只是你一个人的浪迹天涯。

我并不是想说，人的健忘与无情，仿佛比时间的流逝快许多，我只私心认为，热闹只是世界的热闹，孤独却是你自己的孤独，表现形式不同而已。前些日子，在S城定居的小雅说，想邀请我去看她的小型音乐会，音乐会在一个并不知名的地方，她和我一样，都是属于活在自己小圈子里的人。但她有一群忠实的听友，足够为她的音乐买单。

因为她的演出时间，我正好已经有约，于是抱歉地说，下次，一个人去S城约她。

两年前，她在S城的第五年，我去听过她的音乐会。她站在简陋的台上，两个音响，一个调音师，像极了我初初遇见她的时候，拉琴的时候，永远陶醉，永远闭着眼睛，亮着眉心，头轻轻地晃动着节拍。50平方米的音乐室里，挤满了人，所有人都坐在地上。没有人鼓掌，许多人都闭上了双眼。她后来告诉我，她把自己和所有人叫做孤独的战士，而这其中的许多人，都是来这座城市闯荡的年轻人，一个人吃饭，一个人睡觉，一个人挤很久的公交，一个人看城市的风景。

那天，音乐会结束之后，许多人缓缓地离开，又换了另一张面孔迎接生活。也有人留下来，站在她身边，希望与她多说一会话。我看到有不下十人找她要了签名，又有四五个人，给了她小礼物，小雅恭恭敬敬又彬彬有礼签名，然后回礼。

回宿舍后，我和她聊天说，有那么多听友，日子好像也能够安然又带着成就感，至少不会冷清。她摇摇头说，热闹是那时那刻的，往后的日子，就是一个人好好练琴。我想起，刚才她一个人拎起音箱，又轻而易举地搬动几十斤的音控设备，想来这些年，生活已经让她练就了一身功力与肌肉，对抗随时到来的重压。

挤了一夜的小床，又陪她听了一夜楼上的水管漏了的水滴声，楼上男男女女的欢笑显得轻薄而透明，而在这一年后，我再与她联系，她家已经搬到了市中心。

那个夜晚，躺在床上，她和我说："成长之后，你会发现，许多人，是你想靠也靠不住的，比如那些信誓旦旦的普通朋友，比如所谓的合作伙伴，你们必须互相哺育着利益，才能维持一种看似明艳实则经不起风吹的关系。许多人，是可以被你依靠你却不忍心再依靠的，比如你的父母。于是，你只能一个人。就算你幸运地有了另一半，又有了孩子，可现实是，没有人可以替你的生活规划，而他们规划的生活，也可能与你的初衷相差很远。"

我记得，当时我的脑海中，蹦出的是 18 岁的那个葬礼。我说："那如果是子女不孝，使你孤独终老呢？"小雅说："这样的子女不配被生养，但其实，许多人的人生都是孤独的，只是孤独的形式不同。"我把父亲的话又说了出来。小雅点点头表示赞同。

如今的我，可以对"孤独"作更高程度的释义：人的一生，从热闹到孤独，又到孤独到热闹，是一个巨大循环。我们在孤独里，要有自己的乐趣，就算天不遂人愿，所有的残酷扑面而来，也要给自己一个仪式，孤独而体面地活着。

　　马尔克斯有一句话："一个幸福晚年的秘诀不是别的，而是与孤寂签订一个体面的协定。"其实，人一生的幸福，就是与孤寂签订一个体面的协定。与孤独握手言和，与幸福牵手相好。许多读者会问我同一个问题："我该怎么排解我的孤独？我不想一个人。"我认为最好的答案是，这一路的风雨善变，你要像一个勇士好好过，许多人的热闹里，你也要习惯一个人的孤独，把自己放在离自己的心最近的地方，风雨无阻地在时间中穿越人潮，安静而美好。

每一段背井离乡的爱情，都因为一万个"我愿意"

你为我背井离乡的那一天，我终于知道，这一生，欠你一个故乡。余生慢慢还。

2009 年的夏天，我和元宝在 H 城的大学城读完最后的考研辅导班，我们决意再多住一段时间。元宝是我中学时代的一个朋友，在 H 城读大学。

下课的时候，元宝说要带我见一个人。

我问是不是老胡。这是我听她说过无数次的名字。

元宝点点头。

这是我第一次见到老胡，老胡刚从 H 城的另一头赶过来，转了三趟公交，坐了两个多小时。H 城的公交车从来都是那么拥挤，人多的时候，人流的二氧化碳冲破气流，形成天然的热灶。男人的汗本来就比较多，年轻人更是，我就这么看着老胡身上的汗从脖颈流到手臂，然后滴答滴答地往下落。

"元宝，这是我昨晚冰镇了一个晚上的绿豆汤，我抱了一路都不敢放下。可是，我就这样感觉它慢慢变热了。"老胡从怀里拿出一个罐头，小小的眼睛笑了，透着歉意。

老胡给元宝的绿豆汤真的解不了暑，甚至有了一种在温度改变后的粗糙和无味。而我就这么看着元宝在图书馆一碗碗地吃下，津津有味。那一刻我终于明白了，爱从来都是感情，而食物只是躯壳。

老胡和元宝的相识有点戏剧性，我听元宝说过。

还是大一的一个傍晚，元宝一个人在大学城的小饭店觅食。元宝和我一样，总是把时间一块一块用，而平时，不会去很远的地方逛街、吃饭。所谓宅，大约就是活动半径永远逃离不了既在的活动圈子。

一碗汤面八元钱，元宝吃完饭结的时候，尴尬地发现没带钱包。初来乍到，对于一个陌生城市还没有那么熟悉，于是总是会很小心翼翼，元宝说，换做两三年后，定是会厚着脸皮跑去跟老板赊账，然后跑回寝室拿钱。

元宝在原地坐了很久，那是傍晚时分，她也不确定室友去了哪里，也不想在并不熟识时麻烦她们。她一个人坐在那里，只希望遇见一个熟人。

一直到七点半，也没有遇见一个人。

后来，老胡在婚礼上说，一直很感激那一天冥冥之中的注定，让他遇见了元宝。

到了八点，元宝终于鼓足勇气，和老板说，能不能给她赊个账，她马上回寝室拿。

老板没有吭声，元宝站在那里，纠结着准备掏手机。

"老板，我一块付了吧。"老胡走了过来。

元宝没有拒绝。而也是那时，他们留了彼此的电话。那一年，老胡大二，她大一，学长和学妹最常见的交往桥段慢慢就开始了。

反正没多久，元宝就和老胡在一起了，至于中间轧了多少次马路，吃了多少次饭，打了多少次电话，喝了多少杯奶茶，都无关紧要，结果就是，老胡和元宝牵起了手。

元宝也没有料到，和老胡的恋爱成了她第一次恋爱，也是最后一次恋爱。

那个暑假，元宝向一个放假回乡的老师借了一间宿舍，我们就这样没日没夜地又度过了大半个月。

老胡入职要在8月底，那是一家大型的外贸公司。在我们读完考研培训班后的时间，老胡几乎每天都到学校。说真的，他是我一直到现在，见过的最喜欢干家务的男生，没有之一。

白天，我与元宝去教室学习。老胡帮我们收拾房间、煮粥、烧水。这件事，我一直挺抱歉的，我一度想早点回家，因为自己很像是那个夹在他们中间的陌生人。老胡和我坦白，元宝很怕黑，一个人的晚上，她就会睡不着，所以他希望我陪着元宝，这样他也放心许多。说真的，听到这样的理由，总是有点感动，于是后来，陪元宝就成了顺理成章的事。

我们差不多在8月中旬，就回了S城。

老胡把我们送到S城的火车站，执意要把元宝送到家，其实元宝并没有很多的行李，可老胡始终不想让元宝自己拎包。多年之后，每次外出旅行，老胡都不会让元宝拎包，他说，拎包这件事，日积月累，对女孩子的肩颈伤害很大。他时常身上背着个大包，左手牵着元宝，右手拎着元宝的手袋。

元宝不同意。元宝家境并不好，她有她的顾虑。她们家一家三口那时还住在两间农村的平房里，没有瓷砖也没有地板，更没有空调，那台电视机也很多年了，信号不好的时候，还发出沙沙的响声。她并没有那么确定，老胡见到她们家之后不会转头就走。

是啊，我们只是在最亲的人面前，才会让他一览无余。因为我们知道，他是那个不会离开的爱人。

元宝与我使了个眼色，我拍拍胸脯说："放心吧，元宝交给我就成。"

我看到老胡使劲地捏了捏元宝的手和她说："到家了给我打电话啊。"

如果一个人真的有运数这件事，如果许多事命中注定，那么我终于见到了什么叫利运不通，什么又是流年不利。2010 年，对于元宝来说，根本没有春天，那个冬天，一直持续到 9 月份。我每一次见到元宝，都不知道怎么安慰她，而每次挂下电话，都只希望下一次她打来的电话，会是好消息。

来年 2 月底出成绩那会，对自己成绩有把握的一些人已经在准备复试了。考完的时候，元宝很高兴，是那种学生时代考试走运的体验——感觉复习的都考了，不复习的也都会做。只是这样的自我期待一旦落空，很容易比考试糟糕的感觉更像是天打雷劈。

出成绩的那天，元宝没有给我打电话。年少时，在中考和高考分数公布的时候，她都会给我第一时间打电话告诉我。我知道许多人其实并不认可询问成绩这件事，包括我。但元宝关心并且愿意在自己优秀的时候分享自己的喜悦，我知道。

一直到复试线公布，元宝也没有给我打来电话。我不敢问，其实内心我已经猜到结果了。结果比我想象得还要糟糕一些——没有过线。专业课的成绩并不理想，英语也没有过线。

"小愚，我得找工作了。"元宝给我打电话时在 4 月。

"H 城吗？"

元宝应了一声，毫不犹豫。

元宝一直都很想留在 H 城，她考 H 城的研究生，不过是一个砝码。许多去了大城市没有回家的年轻人，不是因为不想家，而是因为在通往成功的道路上，在大城市或许可以走得更远。当然，更因为，H 城有老胡。人山人海，所有人，都不愿轻易放弃好不容易找到的爱情。

可是人生轨迹就是这样，你不顺的时候，所有的一切都好像是为了不顺而设定的。生活好像突然想给你一个教训，于是非把你置之死地。

一个晚上，元宝突然问我借 5000 元钱。那一天，她的父亲骑着摩托车被一辆卡车撞到，虽然性命保住了，可是那条腿，若干年后，在元宝的婚礼上，还是一跛一跛。元宝说，她母亲在电话里一直和她哭。这个农村妇女啊，突然像是意识到自己被时代遗弃了，在山雨欲来风满楼的时候，什么都不会干了。她坐在医院里一直哭，而父亲就这样躺在病床上干干地看着天花板，嗷嗷地叫。那一刻，元宝说，自己该回家了，至少该离父母在最近的地方。

老胡给我打电话，问我，能不能劝元宝？那一刻，我才知道，原来元宝要和老胡告别了，不是闹，是真的。

我们不得不承认，多少校园爱情，在毕业的那一刻，其实就是句点。

我和老胡解释，一是她父亲最近被车撞了，她需要照顾这个家庭。二是或许她真的不想背井离乡。后面这个理由那时看起来是不成立的，可是元宝也有元宝的顾虑。

对于一个女孩子来说，背井离乡本来就不是一个更好的选择，而除非是有一个足够让她留下的理由，留下的理由更多地，是因为老胡，离开是为了在 S 城已经快倒下的家，她需要扮演家里的那根支柱。当离开的理由比留下的理由更充足，元宝自然是选择前者的。

老胡在电话里哭得伤心，我实在想不出那个拎着绿豆汤笑得比阳光还热的男孩，此刻会是怎样的表情。"我不能失去她啊。你帮我劝劝她。"

这样的情话，听电视剧讲了千万遍，可当在生活中发生，却字字锥心。我说："我问问。"

在医院里碰到元宝，元宝已经瘦了一大圈，她原本就瘦削，生活的打击使穿在身上的衣服变得更加空荡荡。

"小愚，不是谁非得和谁在一起的。我们分开之后，他会找到合适的，我也是。"元宝坐在医院的走廊这样和我说，她说，那一次，她做了人生中最心痛的决定，一直痛到没日没夜，她就这样看着睡了又醒，醒了又睡的父亲，她希望父亲好起来，然后自己也好起来。

元宝的第一份工作，是在一家小型的私营企业做文员，治完父亲的病，可以回家休养的时候，她也错过了毕业季的招聘，元宝说，她没有资格挑挑拣拣，而她也真的需要为家里提供经济来源。

单位提供卧室，于是家里没事的时候，她选择住单位，毕竟这样她可以省去每天来回的交通费。而她每天晚上也努力加班，加班的报酬是，可以为她解决一顿晚餐。元宝经常在很晚的夜里给我发信息："小愚，我失眠了。"她还是和从前一样，不敢一个人睡，可是又有什么办法。

许多时候，在生活与自己对抗时，无奈就应运而生，而这样的无奈，在若干年后，依然感同身受。

老胡时常给元宝打电话，元宝一个都没有接。每过一段时间，老胡都会问我同一个问题："小愚，元宝有男朋友了吗?"

有时我也会嫌弃这个男孩子总是不停地絮絮叨叨。可是，就像心爱的玩具，突然逃离了自己的视线，我们是不是也会很希望知道她到底在哪里，过得好不好。

我一直以为元宝和老胡的感情真的是已经彻底结束了。

直到在离开 H 城的第二年的某一天，我才知道，一段爱情生根发芽后，是真的很难连根拔起了。

那一天，元宝约我吃饭。她不说话，一直喝酒。我尴尬地坐在她对面。看到她的脸慢慢变红，然后变白，然后倒在桌子上，而那手中的酒怎么都拿不下。

她在饭店里哇哇地吐，然后我才意识到，该给她送医院了。我记得不省人事的她，在去医院的路上，只说了一句话："生日快乐，老胡。"

我和老胡说："老胡啊，她心里有你。"

每一个为爱背井离乡的人，其实，都是在与生活与未来博弈。他终于放弃了故乡的土壤，也终于与过去慢慢告别，而这一场告别里，唯一让他坚定的是：我要和你在一起。

一年后，老胡辞职到 S 城，之前，他没有和任何人说。而事实上，在元宝离开 H 城的那一天起，老胡就开始留意 S 城的工作。

老胡说，那一天，我说完那句，她不想背井离乡，他就决定了，要为她背井离乡。而那一次元宝喝醉酒后，因为我的那一个电话，他就发誓，真的不想让她一个人。

老胡到 S 城的第一天，我给元宝打了个电话："带你见个人。"

元宝问我，是男朋友吗？

我说："你见了就知道。"元宝没有再问。她大概这辈子也不会想到，是我带老胡见她。

见面的地点是那个小饭店，我和老胡先到了。老胡显得特别紧张，已经初冬，可是额头还是渗出了细细的汗珠。他低着头，不停地看着菜单，却好像又什么都没有看。

元宝看到老胡的时候，惊呆了。

"元宝，我到 S 城来工作了，请多多指教。"老胡说话的时候，紧张得浑身颤抖。而元宝的眼泪，就这样一滴一滴地往下落。

"你父母呢，怎么办？"元宝问。

老胡说："等他们退休后，接他们来 S 城。我们已经达成协议了。"

那一整夜，我就看着元宝一边落泪，一边笑。这是她毕业以后，我第一次见她笑得如此发自肺腑。

差不多在两三年前，元宝家的生活就又回到了正轨。元宝经过两轮加薪，获得了还算不错的薪资。老胡更加幸运，因为有工作经验，以及本身特别努力，两年后就升为了主管。每个早晨，他们一起吃完早餐，一人一辆电瓶车朝城市的两端奔去。下了班，手牵手去附近的快餐馆吃饭，偶尔也会坐很久的公交，回元宝的农村家蹭饭，然后坐最后一班公交回出租房。

周末，去 H 城，元宝还是会迷恋当年大学城的一切，或许回去的感觉早就没有当年那样津津有味，可是，每去一次，就会想起当年的日子，都会更加珍惜。

有时，一起吃饭的时候，老胡也会和元宝打趣："你可不能离开我，要是没有你，在 S 城，我就真的成了流浪儿。"

元宝听到这话会笑，但好像也真的是真的。

婚礼的那天，老胡一直在那里哭，哭得老胡的父母也在哭。

"26 岁，我第一次离开 H 城，到 S 城，为了一个女人，就是元宝。我感谢父母的支持，也多谢自己的坚持，终于和自己最想在一起的人成为夫妻。"

"可我始终欠你和你的父母一句对不起。"元宝说。

"我宁愿你欠我一句对不起，这样你可以慢慢还。"老胡说。

对白好像是这样的，不管是不是事先的彩排，可是却是他们一路走来最好的解说。而那一晚，所有知道他们故事的人，都在哭。

　　记得老胡曾经有一次和元宝说："元宝，你欠我一个故乡。"元宝说："你欠我一个家。"说完，两个人都沉默了。

　　是啊，这一生，最好的爱情，莫过于有人愿意为你背井离乡，而你也愿意为他颠沛流离。

　　而他爱你啊，又真的什么都容易实现。

　　这一生，咱俩慢慢还，就是了。

Part 4

你的容貌，有你对待生活的态度

　　一个注重自己外表的人，是不可能对生活和工作马虎的。

　　于我们平凡人来说，倾自己的所有去爱护自己的容貌，是对生活最大的诚意，也是对有限生命最好的尊重。

你的容貌，有你对待生活的态度

我还在读大学的时候，学校后面，有一个卖粥的女人。她每天下午四点左右出街摆摊，她有着瘦削的身材，化着好看的妆，盘着好看的发饰，穿着好看的衣服。身边站着她的先生，每天也是端正得满面春风。

忙的时候，女人娴熟地盛着粥，笑语盈盈地招待着我们这群学生，闲的时候，端庄地站在那里。岁月没有在她脸上和身上刻下体力劳动的粗俗和疲惫。至于她的先生，好像也是，没人的时候，两个人交头接耳地笑，你看到他在逗她，她笑得合不拢嘴。

那一年，她 50 岁。我们喜欢叫她时髦阿姨。她听到的时候，总是会轻轻地一笑，羞涩而含蓄。

"她啊，就是喜欢打扮，一定要打扮得好看，才觉得可以出门，可以见人了。"

"但是，活得高兴就好。"有一次，她和她先生在我们面前斗嘴，两人笑着说。

体面，或许是活到她这个年纪，最坦然的形容。

有一个词语是"相由心生"，最通俗的解释是人的仪容外表总受心灵因素的影响。事实上，每一个热爱生活的人，是不容许自己蓬头垢面地见人的，且不说这是否是对别人的尊重，当你直面这个世界，你的容貌就是你的第一名片。

韩是一家大型企业的人事总监，她说，她们单位为什么十多年来销售业绩都稳居业内前十，与有一项制度有关：女人每天必须化妆，穿职业装，穿高跟鞋；男人每天必须系领带，穿正装，穿皮鞋。

这是他们老板明确要求写进公司制度里，并且每周都会例行检查。如果有人不穿高跟鞋或不穿正装，会直接计入当月的考评，考评不合格两次以上会扣除当月奖金。

许多刚进企业的男孩女孩会不理解，有人会质疑：不是只要工作完成了就可以吗？也太拘泥于形式了。包括韩，她到岗的第一天，就被原先的人事总监叫进了办公室，那一天早上，她刚洗完头发，就这么蓬乱着走进办公室，脚上蹬着球鞋，身上穿着白T-shirt。人事总监友好地提醒她：记得多学习单位的制度，还有可以学习单位里其他同事的打扮。

后来，老板在一周后的入职培训里，讲了一番话，让他们毫无怨言并且欣然接受了这个要求。

一，一个注重自己外表的人，是不可能对生活和工作马虎的。

二，你穿着正装，踩着高跟鞋，看上去会影响工作效率，事实上，是会提高工作效率。你们的妆容时刻提醒着你们的身份，告诉你们不能松懈。

三，你与人交流，你的容貌是你最好的资本。

其实，这个理论是成立的，所谓心理暗示，大概就是外表会显示你内心的状态，再让自己变得更好。

有一个资深的企业主管曾经来他们单位，他也有和他们老板一样的理论：注重仪容，其实是做成事的开始。

工作之外，生活之内，你的脸上，都写满了你对待它们的样子。你有没有发现，有些人无论身在何地，都可以让自己带着光芒。周遭的一切，并非在围着她转，而是她站在那里，就是中心。

我刚进单位的时候，有一个同事，那年，她大概 40 岁，每天的妆容都格外精致，她也丝毫不允许自己有一点的瑕疵。不得不说，我第一次见到她，以为她还没有结婚。过了很久，我才听说，她有一个八岁的女儿。

"你每天这样用心地打扮，会不会很累?"有一天，我弱弱地问她。

她摇摇头，说："习惯就好了。一个人无论如何，都是抵不过时间的，不过是让自己老得慢一点而已。"

后来我才知道，无论春夏秋冬，每天早上，她都会在六点起床，先跑步半个小时，然后化妆。晚上无论多晚，也会卸妆，敷面膜。这是一件很机械也很枯燥的事，但你把它当作和吃饭、睡觉一样重要的事，就不那么难了。

张爱玲有一句话："装扮得很像样的人，在像样的地方出现，看见同类，也被看见，这就是社交。"而于我们平凡人来说，倾自己的所有去爱护自己的容貌，是对生活最大的诚意，也是对有限生命最好的尊重。

你结婚那天，我失恋了

2016 年 3 月 12 日 18 时 16 分，我蹲在地上，为你整理好最后的裙角，你低下头对我笑。大摩羯座的你啊，总是喜欢井井有条地让一切枝丫分明，这条白色的婚纱披在你身上，一直拖到了白色的瓷砖上，在你最美的时刻，始终由我们两个人打理着它最初的轮廓，我想让它使你熠熠生辉，你也真的光彩夺目。

"老徐，今天，你终于成为你心爱的人的新娘。"

老徐的父亲回过头对我笑着说，今天辛苦了。

想起中午的时候，我和老徐的父亲一起去小饭店给老徐买午饭，当时老徐还在楼上化妆。老徐的父亲走过来问我："小愚，我还真不知道她最爱什么，你帮她点吧。"

我说："香干肉丝。"我吃了那么多年的酸菜鱼，她爱了那么多年的香干肉丝，我们在彼此的陪伴中，早就对彼此如数家珍。

我的先生老陈曾经问我，如果这一生，没有他，还会选择谁。

我说，老徐。

我不是同性恋也不是双性恋，可我喜欢老徐，喜欢了整整十年。

老徐和我是大学时代的上下铺，开学第一天，她坐在我的下铺，一声不响地微笑着坐在那里。老徐和我一样是本地人，我和她笑了笑，她也和我笑了笑。

所有的人都在叽叽喳喳地说话，但不包括我。我没有人群恐惧症，我只是不爱说话，就是传说中的偏爱孤独，一个人走路，一个人逛街，哪怕一个人看电影都无妨，几个人可以相处，一个人也没问题。

老徐对陌生人有天生的交流恐惧症，两腮的毛细血管特别密集，见人就扩张得通红。但她又极其希望融入团体，于是，她一直把微笑当作一张通行证。不说话的人从来不会引人注目，包括我，我终究是要承认自己是一个俗人，对于内向的老徐偶尔也会视而不见。

大约两个月后，大一的寝室里爆发了第一次所谓的战争。这一幕在多年之后想起，是多么荒唐可笑，连其中的主角，我和另一个女孩现在每每想起，大约也会为当年的争执嘲笑当年的我们。

那天夜晚，有一个文科楼的讲座。大学时，讲座总是格外多，多到大一时的我们无法筛选，其实，也是因为我们不知道如何筛选，一直到现在我们也记不起到底那个时候来了什么人，听了什么。

听完讲座，所有人都往回走。

寝室的一个姑娘对我说，我不想用"说"，我觉得更是一种命令吧："你明天把车子借给我，一定要借给我。"

我说："明天我有事啊。"刚进大学，学校的集市还没有开始卖自行车，因为是本地人，于是被借自行车成了理所当然的事。

姑娘突然大声吼道："不肯借就算了，你不要再跟着我们了！"

当时的场面有些尴尬，就是那种彼此的友好在一瞬间坍塌，而你毫无防备的感觉。我站在原地。姑娘似乎有意要和我决裂，虽然后来她和我说，她那时只是和我开个玩笑，我为什么那么当真。但我实在看不出有任何玩笑的成分，不知是我眼拙还是她演技太好，当时的她没有笑容，只有疾声厉吼。她问老徐："跟我们走还是跟她走。"事实上，当时已经有三个人站好队了。

老徐没有说话，拉着我就走。

那一刻，我紧紧拉着老徐的手，回寝室的路特别长，我和老徐穿过操场。那时那刻，老徐才是我最亲的人。老徐问我，要不要去超市买些东西，她请客。

我摇摇头。那些年，老徐的家境并不算好，她自己也特别省吃俭用，而为了安慰我这个曾经对她并不那么热情的人让她破费，我也真的没脸承受。

后来，老徐和我说，她拉着我走，有两个原因，一是她觉得整件事我并没有任何错。因为车本来就是我的，借了是情分，不借也是自由。二是她想告诉我，如果被威胁后服软一次，以后这种方式，别人会对你用得越来越顺。若干年后，她还说了她的私心，就是那些年，她很喜欢我，她觉得通过这一次，她终于可以把我据为己有了。

我说，没关系，其实所有的感情都是自私的，包括友情。

老徐还是和从前一样，不爱说话，在寝室的时候闷声不语。

那一年，寝室没有独立卫生间，深夜上洗手间就成了一件麻烦事，老徐听到我从上铺爬下来，总会和我轻声说，注意安全。我点点头。

我对老徐开始有了依赖。她不喜欢参加任何活动，而我又奔波在形形色色的活动和比赛中。她心甘情愿地为我做任何事，"心甘情愿"这个词是她对我说的。她时常帮我查阅各种资料，填写一些烦琐的表格，我不喜欢的事，如身为寝室长的我需要检查各个寝室的卫生，她也帮我代劳。学生时代，总是有许多事你无法选择而不得不做，而老徐帮我做了大多数我不喜欢做的事。

其实，到了后来，我和那个姑娘彼此早已没有了心结。如果一定要说尴尬，那么或许当初如果有一个人服软，事情就不会如此。但那么年轻的我们，谁都不肯说出那句"对不起"，宁可每一次在快碰面的时候，把目光自动调成空洞模式视而不见，也很少点头示意。不过，我还是要感谢那一次的冲突，真正开启了我和老徐的友情。

大二之后，中文系调整了寝室，我和老徐去了另一个寝室。

那一天，我们叫了一辆巨型的三轮车，把行李搬了上去。我和老徐说，我不想睡上铺了。高中的时候，我有一次从上铺摔下的历史，然后在大一的很长一段时间，经常失眠。

老徐点点头。这件事，老徐一直记在心里。2013 年，我们去凤凰，从长沙到吉首需要在卧铺上过一整夜，老徐主动把她下铺的票换给上铺的我，然后帮我收拾好床铺。她说，她知道我喜欢睡下铺。

那天因为记者团有临时的采访任务，我把行李放好后就走了。

"老徐，你帮我照看下我的行李，我回来后收拾。"我拎着包匆匆走了。多年之后，我经常交代一句就走，留老徐一个人在原地。那些年，她很像是我的影子，她一直站在原地，却永远知道我去了哪里，喜欢什么，需要什么。所有人都知道她是那个唯一有可能知道我去向的人。

回来的时候，老徐已经为我铺好了床单，还一边麻利地缝着我的被单，一边说："小愚，你看啊，有些东西，我帮你收拾了，有些我不知道该放在哪里。"

我有点过意不去，"老徐，我请你吃盖浇饭吧，你要什么口味？"

"那就香干肉丝吧。"

大学时代，我确实混得风生水起。没有了高中年代里物理、化学、生物的困扰，再也不必为了这些学科老师的问答而提心吊胆，我从一个理科生转而投向了我中意的汉语言文学，我觉得大学带给我最大的红利是——有机会做自己，以及成了班级最优秀的五个学生之一。

我很想成为一名记者，于是加入了校报，在大三接棒记者团团长。于是，业余的时间，我几乎都在写稿子，不是写新闻就是写文章，或者是读书。

老徐也很努力，换句话说，就是学习很努力。她总是我们寝室第一个把作业做完的姑娘，然后在期末的时候，认真背诵每一门学科的内容。可是努力只是品质，老徐的成绩始终不温不火，而奖学金始终与老徐无缘。只是老徐不气馁，一直就这样努力了四年，虽然自始至终也没有拿过奖学金。

"小愚，你有奖学金我就很开心了。"那一年，我拿了一等奖学金，请寝室所有人去饭馆吃饭，老徐拿着可乐敬我。我说："老徐啊，我真想分你 500 元。"老徐摆摆手。

那时，寝室里一周打扫一次卫生，每个人负责一个地盘。我负责的是擦洗手盆和附近的瓷砖。因为常常不在寝室，每次打扫都要气喘吁吁地赶回来。后来，老徐说："你的卫生地盘我包了，你有时间回来就可以，没时间，你的地盘就是我的地盘。"老徐说这话的时候，我感动得眼泪都快落了下来。我天生最大的弱项就是收拾家务，以及做任何手工活，比如那时，班上所有的女生都在织毛衣和刺绣，我却怎么也学不会。这成了我生活的硬伤。

每次看到老徐帮我打扫完卫生，我总是内疚地说："老徐，你待我那么好，我该怎么报答你。"

老徐说："你陪我睡就成。"

这话当然是玩笑话。不过我也只有这样报答她了。老徐经常会看一些恐怖片，然后看到失眠。她心大胆小，一边玩命不知悔改地看，一边又怕得浑身发抖。每每此时，我就爬到她的上铺陪她睡。两个人睡一张 0.8 米的床，一个贴着墙，一个贴着板，一夜一夜。

老徐大学的时候，最大的愿望是谈一场校园恋爱。可惜这个愿望一直到大学毕业也没有实现。

老徐总是认为我是属于会在大学恋爱的人，老徐和我说："小愚，我总感觉自己像你的绿叶。"她和我出门的时候，会蹬很高的高跟鞋，她也会偶尔减肥。女孩子，总是不希望自己逊色于别人。

"老徐，你除了比我矮，你那么美，怕什么。"

可老徐还是一直穿恨天高的高跟鞋，好几次把脚磨出了血。老徐很想恋爱，可她又竭力抑制自己的情感，她也没有目标，她一直矛盾地活在梦想中。

只是，我也想说，从某种意义上说，我也没有在校园恋爱过，因为我和老陈是异地恋，没有风花雪月，只有长长的一千多公里的长途电话。

2010 年的 4 月，毕业的前三个月，我通过了面试，顺利找到了稳定的工作。

那时，老徐还在我们 S 城最偏僻的开发区的一家厂里实习，开发区有很多工厂，尘土严重，而老徐不断地被那个厂拖欠实习工资，她和其他几个同学，已经有了离开的想法。

我和老徐说："你把简历给我，我帮你去招聘会投简历。"那时许多企业开始了最后两轮的校园招聘，我并不希望老徐和所有人一样毕业后就失业，我想尽我的力量帮助她。

结果并不尽如人意。老徐把简历发送给我，我走过一家家企业，然后逢单位就投，最后什么回应都没有。我也是太天真了，在人潮攒动的毕业季，不会有人在意一个不亲自来招聘会的学生。

毕业那天，老徐没有找好工作。我们在小吃街的一家小饭馆坐下，只点了两份菜，酸菜鱼和香干肉丝。

老徐没有看我，也不说话。我知道她在想什么。

"小愚，我忽然觉得自己和你的差距特别大。我都不知道能不能再和你成为朋友了。"老徐低着头，红着脸说。她大概也不会想到，毕业后的第二年，她考上事业单位，一年后，顺利升为副职，第四年，顺利升为正职。这个速度，是许多人无法企及的。

"你说什么呢！我们是好朋友啊。"我和老徐说。

老徐毕业后通过社区考试，成为社区干部。每个周末都加班，而我，也常常去社区陪她。我常常在单位里看一整个下午的书，陪她下班。

那一年，我们没有钱，见习期的工资很低。我和她一个月都只能拿到 1000 元，而且拿了一整年。我们跑到学校附近的小饭店聚餐，一份酸菜鱼加香干肉丝，从来不超过 50 元。我们还喜欢 AA，经常精确到 0.1 元。

"小愚，我觉得我们真是亲兄弟，因为明算账啊。"

"那是。"

毕业后的一整年，老陈没有回 H 城，而我的相亲之路也始终磕磕绊绊，无数次挑战我的耐心。老徐也是，她也相亲，也一无所获。

"老徐，我们如果一辈子单身，怎么办？"

"那我们就一起啊。"那一年，我们互相调侃着取暖，又一起去远方玩。

2011 年，老徐顺利考上了编制。2011 年，老陈回到 H 城，成为我的男朋友。

老徐很认真地说："我要开始找男朋友了，真的。因为你有了男朋友，我就成了一个人了。"小城市的人有编制情结，老徐拿到编制，无意中为她的相亲增加了砝码。

我说："可老陈在 H 城。"

老徐半开玩笑地说："那也不行，我不能打扰你啊。"

我和老徐忽然就笑了。后来老徐说我恋爱的那一天，她真的觉得，自己失去了什么。

老陈到 S 城的第一天，我约老徐一起和我们看电影，然后吃饭。我说："老陈啊，这是我的闺蜜，老徐。"就这样，老徐成了老陈挤进我圈子里第一个认识的人。

我终归是想说，老陈没在 S 城的日子，大多数时候，我并没有觉得孤单。是因为有一群好朋友，当然也因为老徐。没事的时候，我和老徐会跑到学校附近的小吃街一起吃饭，依然是雷打不动的酸菜鱼和鱼香肉丝，我时常带她去兜风，我想说，她是第一个坐在我车上陪我兜风的人。

我们还时常去旅行，因为老陈并没有太多的时间，所以，迄今为止，陪我走过地方最多的人，就是我的老徐，她很爱拍照，起先不会摆姿势，我时常嫌弃她矫揉造作，不过后来她造型凹得越来越得心应手，因为我是她的摄影师啊。

2014 年 2 月，我和老陈结婚，老徐是我唯一的伴娘，忙上忙下整整一天，陪我哭，又陪我笑。在最后仪式的时候，老徐蹲下帮我整理婚纱："小愚，你的婚纱，为什么没有大尾摆？那样会更好看，如果是我，我是一定要大尾摆的。可惜我还不知道什么时候结婚呢！"

"老徐，愿你早日找到那个真命天子啊。"我笑着说。

"但愿吧。我其实挺想结婚的。"

2014 年年底，我女儿出生，老徐成了我女儿的干妈。

这两年，老徐一直拼命地相亲，又拼命地失败。老徐是那种特别宅，又是那种放在人群中不会手舞足蹈吸引别人注意力的人，所以注定着相亲成为她恋爱的唯一渠道。

我说过，老徐有陌生人恐惧症，相亲这个方式也并不是最合适的。

有一天，老徐、老陈还有我坐在车上。老徐说："我可能真的要单身一辈子了。"

老陈说："那在我家给你开个小房间吧，你可以陪小愚玩。"

老徐高兴地说："好啊好啊，帮你们带小孩啊。"可是，老徐终究是开玩笑的。她那么希望有一场恋爱，穿一次大尾摆的婚纱，有一场隆重的仪式。

2015 年，在老徐几乎对爱情绝望的时候，老乔终于出现了。老乔也是老徐在相亲的时候认识的，个子不高，憨憨的，他喜欢老徐，有一次开玩笑，我问他为什么喜欢老徐，他说不上来，只搂着她笑。

人这一生，总是注定着会和谁在一起。我和老徐说："比如你和我，比如你和老乔，比如我和老陈。"

他和老乔领证的那天，我在朋友圈发了一个状态：大学闺蜜有了另一半的感觉就是一边为她欢欣鼓舞，一边却暗自失恋。每一段感情都是自私的，有时也包括友情。只是它更加宽容而大度，允许这段感情被能给她幸福的那个人破坏。恭喜你，终于结婚了。

仪式那天结束，回家的路上，我送完朋友后，一直在车上哭。

"老陈，不知道为什么，我感觉自己失恋了。"

老陈坐在我的身边，一边开车，一边安慰我道："如果老徐迟迟不出嫁，你才该哭呢，以后我们可以常常和老徐老乔一块出来玩啊。"

我说："老陈啊，像我这样的人，对待友情从来不输给爱情，你会不会难过？"

"那你并驾齐驱啊，我当然不难过，你高兴就好。"

嗯。老徐，我也只要你高兴就好。咱们未来的几十年，好好走，走到白发苍苍，依然可以幸福地回忆当年，而我还想说，这些年，我做的拿手菜中，其中有一样就是——香干肉丝。

孤独是最佳的重生期

《查拉图斯特拉如是说》里，查拉图斯特拉与少年有这样一段话：

人与树一样，他越想向光明的高处生长，他的根便越深深扎进土里，黑的深处去，——伸进恶里去。

……

少年沉默。

成为大树，或许真的不仅仅是自有冥冥之中的安排，还要忍受突如其来的山雨风来，也要经历不经意间的暗潮涌动，那些你没有倒下的时刻，其实，就是一次重生。

于人来说，最难逃过的，就是孤独。

那一晚，我和 Sammy 在城市的角落里喝酒，酒酣时候，我们相视而笑，一起回忆过去两个人孤独地互相取暖的日子。

Sammy 和我曾在一个公司共事过。

那一年，我是实习生，她是刚入职的员工。对于公司，我们都是那张新得不能再新的面孔。我的境遇会比她顺心得多，是因为我的到来，并没有可能影响未来的人事格局。实习的大学生，一个又一个，我一定会走，但她可能会留。而 Sammy 也说，入职的第一年里，她开始明白了一个道理，孤独是最好的重生，因为你没有机会被人打扰，你只属于自己。

生活的力量，就在于能不动声色悄悄改变一个人。

从 C 城到 S 城，Sammy 和所有异地工作的女大学生一样，拖着大袋大袋的行李，搬进了自己的出租房。

2007 年的夏秋之交，我和 Sammy 吹着发出咯吱咯吱声响的大电风扇，吃着泡面，磨合完最后一个方案。

这个方案只值两万元，提成也不过两百多元，所以没人愿意接，于是成了我们两个新人的业务。Sammy 很认真，因为这是她三个月来的第一单独立业务，而我是她的助手。

职场的残酷之处，在于不见血光的刀剑，它不会杀了你，只会像刀片一样，慢慢割你的心，看着血在毛细血管里快要溢出，最后只怪你不够坚强而已。

其实，从我进单位的第一天起，虽然能够感觉到一种和乐融融，但也能体会到新人的格格不入。在既定的圈子里，挤进一个人不容易，常常是圈子里的每个人都会小心翼翼地观察新人，然后再慢慢接纳。

那一个夜晚，我和 Sammy 睡在一张席子上，汗流浃背，彻夜难眠。

Sammy 说，来城市三个月，时常一个人上班，一个人吃饭，一个人坐很远的车子去见客户，一个人回家，这些都算不得什么。你入职之后，其实真的是一个人，没有人有义务来教你，帮你是情分，不帮你你也无可奈何。

她还没有独立做业务的时候，给许多部门的同事打过工。印象最深的事，大概就是，每一个中午，她一个人在那里吭哧吭哧地写文案，同事们站在那里说笑。后来他们开始睡午觉，她还在那里复印文件。她每次转过头，看到他们在那里酣睡到流口水，自己却站在那里，拼命地撑着眼皮子，心里的难过真的只要轻轻一碰，就可以泪流满面。

Sammy 说这一段的时候，脸上的表情是平静的。

"我第一次哭，是入职半个多月的时候，当然是偷偷哭的。那一晚，我改了整整一个晚上的文案。那天特别不巧，楼上住着一个老奶奶，一个晚上都在哭。我一边写，一边后背生凉。我咬牙坚持着一直写到天亮。满心欢喜地跑到主管那里。主管只说了一句话：'重写吧，截止日期是今天下班前。'

"主管是个很和善的人。他不会严厉地批评一个人，他只会告诉你做什么，从来不告诉你怎么做。是，重做。我觉得自己的脑子简直要炸了。我跑进洗手间里，痛哭了整整半个小时，回到了办公桌前，泡了五包的咖啡。

"什么思路都没有，我去问当时带我的师父。师父在做另一个文案。我理解任何一个老员工对待我们这些菜鸟的态度，说好听是自由生长，说难听是放任不管。师父说：'你自己看看我以前做的文案就好了，我现在也很忙。'

"我感觉有血在鼻子里涌出来，怎么都止不住。可我还是塞了一团纸巾进了我的鼻孔，也堵住我流下来的眼泪。那个文案回过头看确实很糟糕，但真的让我明白了一件事：别做梦了，这个世界那么多人，而靠得住的只有你自己。"

我握着 Sammy 冰凉的手，感觉它好像还在抖。

Sammy 接着说："后来，我买了很多文案的书。你也知道，许多书是没有用的。但没有办法，我阅遍所有的书，只是为了找一些对自己有帮助的知识。没有人告诉你什么是有用的，只能告诉自己，加油。我也时不时地跑去师父那里请教，但他很忙，我就站在他身边，看到一些好的句子记下来，碎片式的，能记多少是多少。后来的文案开始有了进步，就是那么一点点的，感觉自己有了灵感，知道该怎么写了。成长，有时，就是那么一瞬。

"我三个月能够独立做业务，这在公司历年的新人中是最快的。"

Sammy 翻了个身，我看了看时间，已经是凌晨四点。

和 Sammy 一起写完方案的第二天，Sammy 拉着我一起去总监办公室。总监说："你的方案写得很好。"Sammy 说："不是我一个人写的，还有小愚。"

之后的日子，我除了帮自己的师父打印文案，还经常和 Sammy 在一起做策划，Sammy 会把一半的提成给我，作为我的实习报酬。

"钱，就是你的价值，你付出了努力，没什么可以拒绝的。"Sammy 每次都是这样说的，然后把钱塞到我的手里。

以后每周的例会上，我感觉 Sammy 在总监的心中分量越来越重。到我实习结束之后，Sammy 已经开始做 20 万的大单子了。其实也不过短短两月。

和 Sammy 一起喝酒的那天，是来庆贺 Sammy 升职的。她说，自己一直到现在，都还是喜欢一个人上班，一个人吃饭，一个人下班，虽然心态不同了，虽然也有人主动邀约，虽然年轻人会笑语盈盈地叫她"师父"。但她仍会怀念那一段孤独期，想起曾经落过的眼泪，于是更加珍惜眼前的日子。而这样的孤独，也会让她有更多的时间思考从前，直面当下，仰望未来。

那些天里，我也经历着人生最孤独的时期。不是人山人海就是温暖，有时热闹也是孤独。

每天，我都面对着大量的文件，数不完的资料以及盘旋在脑海中的许多许多该记住的事情，生怕出了错，生怕忘记。我很早到办公室，一天的工作表列了一张又一张。但一天过去，我却发现，自己不过是在疲于奔命而已，既定的目标没有完成，许多事又扑面而来。我常常一个人在夜晚，听着许多办公室关上了门，然后继续工作。

许多天里，我都为了许多个所谓的排名和数据奋战。可是，最后也仅仅是数字而已。我的一个同事说，我们都不过是过不了自己心里的这一关，于是越来越辛苦。是的，当我每天下班离开按下办公室的日光灯，我都可以感觉到寒意，而此时，我的心并没有下班，还有许多许多件事列在了明天的表格上。

我在先生老陈面前落泪，在闺蜜老徐面前也会。可你还是一个人，他们的拥抱，不过是让你取暖而已。

我会永远记得 Sammy 搂着我的肩，和我说那些年，她走过的路的场景，那么清晰地铺在眼前。

Sammy 说："我和你的孤独曾感同身受，你要相信，或许所有的幸运都藏在你的最大的痛苦里。未来的你不管是继续前进还是离开，你都会感激这段时间的自己，练就了一颗金刚心，就不会再害怕受伤。"

这之后我的工作量，有增无减，可是大多数时候，我都会想起 Sammy 的话："你的孤独，是你最好的重生。"

我们这一生，都在慢慢成长，就像一棵树的年轮，一圈一圈地往上长。

马尔克斯有一句话："只是觉得人的内心苦楚无法言说，人的很多举措无可奈何，百年一参透，百年一孤寂。"

孤独是长在每棵树旁边的草，只不过偶尔茂盛如斯，偶尔寸草不生。可是，你要相信，最美的时刻，就是遍地是草的时候。而你，或许也在那一刻，正经受委屈和磨难。

一个人听风的时候，周围比任何时候都安静，自己也比任何时候都清醒，比任何时候都知道奋斗的意义。

你一定要相信。

为什么你的优秀让人嫉妒

"是不是优秀的人都会遭人嫉妒？"

一天夜里，有人在后台抛给我这样一个问题。

我没有安慰她，几乎毫不犹豫地告诉她："不是。"

这个姑娘继续问："那曲高和寡，你又怎么解释呢？"

我说："你可能听过一句话，叫春天的灿烂，总是需要秋天的萧瑟偿还，真正优秀的人可能会孤独，也可能会寂寞，因为他们站在别人仰望的位置。但他们不会因为优秀而被人嫉妒，而被人嫉妒的人，时常是看似优秀的普通人。就像是那些被置于高处的平凡事物，他们感到不服的原因在于同样的普通，为什么在高处的是你，而不是我。"

姑娘没有再问下去，悄悄对我取消了关注。

但我终归还是要说说这个话题，为什么你的优秀让人嫉妒，而别人的优秀却让人羡慕。

故事中的主人公是我学生时代认识的一个普通朋友，因为除了"普通朋友"，我实在想不出别的词语描述我的关系。她第一次跑来找我，是因为一次公选，她觉得全班同学都在排挤她，见面就抱着我大哭，而事实上，我认识她不足五天。

她没有获得那一学期的奖学金，是因为在全班公选中落败。当时学校的规定是，除了综合成绩排名前五之外，还必须得到半数以上同学的支持，而她却并没有通过选票。

"我知道自己光芒太艳，但有光芒是错吗？"她问我。

我也不知道该怎么安慰她，只听她和我说了几乎一夜的关于她们班女生与她之间摩擦的故事，后来，我终于得出了一个结论——所有女生都是因为嫉妒她的才华，才拼命地打压她。

"女生的嫉妒心都是可以时刻被点燃的，你千万不要太优秀，走了我的老路。"在分别的那一刻，她一脸诚恳地告诫我，那一年，我还只有19岁，自己也很迷茫，而那个谜底时刻在我的心中打转。

她是不是真的太优秀？

我认识她们班上的一个同学，于是，一次谈论中她的答案让我终于明白了谜底。论学习成绩，她在班上是第10名左右，这个成绩，是不足以让她拿到学校奖学金的。但她的社会实践成绩出奇的高，她每次都会拿出厚厚的一沓自己发表过文章的报纸放在老师面前，至少在我们那个地方院校，这样的成绩是很出色的。班上有同学就质疑，为什么她的文章那么普通，甚至谈不上文采，却可以轻而易举地发表？后来，许多人才知道，她有着便利的小地方报刊的人脉圈，所以，受益无穷。除此之外，她的炫耀是让全班同学都反感的，她时常拿着一堆的报纸，从这个辅导员的眼前拿到那个老师身边，以获得老师的好感。时间长了，老师也心知肚明。其实，在我们学院，也有许多学生发表过文章，大家也可以轻易感受到他们的才气。而她，我只能说，一个普通姑娘自我装扮成凤凰，大概是希望得到大家的认可吧。

你想获得一切，可以，但必须让人心悦诚服。没有人在嫉妒她，只是觉得她还没有资格拥有这一切。而那一刻，我终于明白了你的成就与优秀对等时，才会赢得最响亮的掌声。

直到毕业，她都一直风风火火，却始终没有人愿意与她亲近。她从来都是形单影只，在食堂、在图书馆，哪怕拍毕业照，都没有人愿意与她合影。

在资源不平等的情况下，你又是那么平凡无奇，你获得的成绩并不是因为你的优秀，自然是不足以让人心服口服的。

大学时代的暑假，我在广告公司实习，适逢公司的中层干部选拔。作为局外人，我被调去人事部门，成为全程选拔的见证者。而也是那一次，我知道了，一个优秀的人，是可以让别人觉得他一切的荣誉都实至名归。

在竞选前，老板已经明确，设计部门的负责人必须是由设计员推选出来的。对于公司来说，设计部是核心部门之一，主管除了要有过硬的专业水平之外，也要有足够的团队领导力——民意测评结果占最终考核结果的 80%，另外 20% 的投票来自于董事会，也就是设计员几乎拥有着对自己团队领导者的决定权。

当天下午，我们就收到了许多竞选报名表。初入职场，虽说还只是一个实习生，但对于前辈们所经历的血雨腥风，早就不绝于耳。职场的过招其实更加残酷，当所有的一切都与自己的前途以及金钱息息相关，谁又能说自己是置身事外的呢？

　　竞职演说，是在一个电闪雷鸣的下午，所有的竞选者都很紧张，表面上却又假装很平静，他们一个又一个展示自己这些年的工作成绩，每个人的故事都很生动。轮到 S 的时候，人事主管与我说，她感觉这一次胜出的会是 S。S 拿出了进单位五年来，自己的业务成绩——1180 万，拿过 22 次第一，最差位置是第五；她拿出了这些年自己自费进修的课程，十多门，费用超过十万；最后，S 列出了每个同事的生日表，她说，她感谢每一个同事在一起的时光，无论自己能否成为主管，都愿意成为那个每年某天零点第一个给他们送上生日祝福的人。S 走下演讲台的时候，所有的人都在鼓掌，而这样的掌声，只出现了这么一次。S 几乎毫无悬念地高票成为主管候选人，那一天，所有人都在为她祝贺。

　　吃晚饭的时候，主管与我说："你看，S 平时在单位里从来不是最活泼的那一个，你也几乎很少能见到她在人群中聊天，我和她在一起共事五年，没有见过她在某一次得第一后得意忘形。在最热闹的地方，你是见不到她的。"

　　我说，是。说实话，连吃午饭，我都时常看到她一个人坐在办公桌边，忙工作，听音乐，吃完午饭，也会小睡会。

　　但你去问每一个人，谁的业务能力最强，大家脑海中浮现的人选就是 S；遇到设计问题，谁最有能力并最愿意帮你解决，又是 S；遇到困难后第一时间帮助你的人，也是 S。主管说，当你足够优秀，所有的一切都是可以与你匹配的，而你，也理所当然成为那个获得者。

　　我刚入大学的时候，班主任很希望有一个本地学生承担班上的所有工作，而我理所当然地成了那个学生。于是，虚浮的头衔开始蜂拥而至安放在我身上——团支书、学院学生会干部、学校学生会干部、学代会代表，我忽然被推到了台前，然后在毫无征兆和并不认可的前提下，享受了许多莫名其妙的风光。

那段时间，我可以感受到班上同学的讶异，他们没有言辞犀利地提出质疑，无非是因为，他们大约也看出，这一切并非是我自愿，我似乎只是那个无辜的孩子，被忽然抱到一个位置，然后生疏地扮演着一个个角色，而拉动我的身体的，是学院老师以及班主任手中的线而已。

第二学期，我就卸下了原来班级所有职务，只留了一个文艺委员的闲职。"卸下"不过是自我设定的一个台阶，某种意义上说，是改选落败。我好像是以和竞争对手的悬殊票数落选的。

你问我觉得难堪吗？当然，特别没面子。

但我配吗？我确实不配。人生就是这样，没有人会因为顾及你的感受而放弃自己的心意。而"不配"就是最好的注解。

博尔赫斯的《塔德奥·伊西多罗·克鲁斯小传》中有一句话："任何命运，无论如何漫长复杂，实际上只反映于一个瞬间，人们大彻大悟自己究竟是谁的瞬间。"

也是那一刻，我开始意识到，在生活的坐标里，你必须有自己努力的方向，而你想换得你所希望的认可，首先是你要成为一个能与优秀比肩的人。

于是，这后来的三年里，我终于不再疲于各个社会活动，把学习和写作作为唯一努力的方向。每周，我都会如高中时代一样，整理笔记，摘抄名言，每个月，我保持2—3本书的阅读量，我发表了 100 多篇文章。我成为大学时代自己最想成为的样子：

校报的记者团团长是我唯一保留的职务，我的综合排名每次位列全班前五，在最后一年，我获得了学校最高荣誉的文学奖。

在四年里，我和同学的关系一直相敬如宾但不温不火。大多数时候，我都是独来独往。一个人，是因为没有时间长期打理一段关系，但在别人需要的时候，又一定挺身而出。

在后来的每年公选中，我发现自己都能稳稳过关，或许是因为，我终于成为别人心中那个有资格拿到荣誉的人。

为什么别人的优秀让人羡慕，而你的优秀遭人嫉妒？你要知道，你的优秀是不是真的优秀。

我们总是喜欢放大自己的优秀，然后想得到别人的认可，拥有别人的尊敬，获得别人的景仰；这于心理学来说，是符合每一个人的心理轨迹的。但我们要时刻扪心自问：你拥有的是否真的各实所归。

其实，每个人都在书写自己的人生。我们得到一些东西是因为自身的优秀，而不是其他。你要有你的底气，才会有别人的心悦诚服。

你要知道，假想的优秀不过是肥皂泡而已。肥皂泡总是一不小心就会破，而你站在茫茫人海，也会感到海市蜃楼过后草木皆无般的难过。因为幻想已过，生活才是现实。

而我总是希望，我们都因为真正的优秀而被热爱，而不因为虚无的假想而被嫉妒。毕竟人生那么长，我们总是要脚踏实地地走一场。

我脾气好，不是代表没脾气

绵绵是我在广告公司实习时碰到的姑娘。那时候，她刚入职两年多，弯弯的眼睛，人也长得清秀，有一种弱柳扶风的柔弱。所有人都叫她"绵姑娘"。

每天，我和绵姑娘最早到部门，部门有八个人，我们要给其他人倒完前一天的隔夜水，又把烧完的水一壶一壶倒入他们的热水瓶。平日我没在的时候，绵姑娘就是这样一个人做完所有的事。

老员工到了单位，从不伸手帮忙，只习惯性地翻报纸，或是玩手机，抑或是聊天，仿佛一切都心安理得。后来我发现，其他部门无论是新入职的员工还是老员工，都各自做自己的事情。绵姑娘说，举手之劳的事，并不会影响她的工作，多做也无妨。

绵姑娘真的有着好脾气，她会主动在中午空闲的时候，帮办公室所有的人下楼拿快递；也会放弃休息，给同事复印厚厚一沓的资料，而那个同事就闷头睡午觉；她出门谈业务的时候，总是会有人顺道想搭她的顺风车，其实也不是真的顺路，偶尔也需要绕很大的弯，但绵姑娘从来不拒绝。

绵姑娘的好脾气甚至偶尔会给作为我这样的实习生带来压力，而我在多年之后工作的时候，总是会在有领导打趣我"你怎么每天都高高兴兴的样子"时想起绵姑娘。

但绵姑娘也是一个有脾气的人。我终于相信，每一个好脾气的人都是有原则的，他们的底线被自己高高举起却从不束之高阁。而你一旦触碰到，或许就是一次电闪雷鸣般的狂风暴雨。

那天，绵姑娘因为路上堵车，稍微晚到了一些，而我正好家里有事，也迟点到单位。许多事就是这样巧合。我刚到单位，就听到绵姑娘轻柔而有力的声音："一，我觉得大家好相处，所以无所谓谁干得多和少；二，部门是大家的，不是我一个人的，烧水也是；三，我做这个事从来不渴望得到任何赞美，我知道你们已经觉得理所当然了，但不能认为这就是我的义务。好了，我以后不会再烧水了。"

后来，我才知道，原来那天，有个同事因为绵姑娘到单位比平时晚了一会，就严厉地质问她："为什么那么晚到！知道会堵车就早点出门啊，让大家都喝不上水！九点半还要接待客人，没有水可怎么是好！"

那件事之后，绵姑娘依旧会在空闲的时候，为他们拿快递，给他们复印，或是同意他们搭她的顺风车，但绵姑娘再也没有为他们烧水。她还是会很早到单位，但只烧完自己的水，就只留我一个人一壶一壶将烧好的水灌进他们的热水瓶。

你会不会很想知道，那一天，绵姑娘上司的反应。而事实上，每一个人对于公司更像是一颗棋子，而公司所希望的是，下好这盘棋。只要你对公司有用，无须太多其他的担心。比如那一年，绵姑娘业绩是全公司第二名，而那一年，也是她第一次得部门优秀奖。

我实习结束后，绵姑娘请我吃饭。她告诉我，可以做一个好脾气的人，但也要有锋芒保护自己。这句话在多年之后，仍然让我记忆犹新。

我一直觉得，好脾气这件事从来不属于少数人，而是大多数人。在进入社会之后，许多人都开始与社会、与人学会和解，收起了自己暴露在身外的锋芒，用一种自以为最好的方式与世界相处。

许多时候的好脾气，来自于对这份眼下工作和生活的热爱和珍惜，所以小心翼翼地接受着来自于这个世界善意的提醒，让脚下的路尽可能按着自己希望的方向走。

可是，好脾气并不是代表没脾气。

对于写作这件事，我的好脾气来源于：一是热爱，我对文字和对我文字关注的人保持着足够的耐心，我知道自己并不足以让一些读者满意，包括文字的质感，包括偶尔也会有许多纰漏，对于这些指责，我会一一笑语盈盈地汲取；二是自己的私心，我写作时间不算太长，但它已在我人生如今1/3的时间里，成为我的依赖，或许以后这个比例会变得越来越大。我希望这份依赖，是活在生命里的，我对它有爱，它对我有回音。

我唯一一次发脾气，发生在一个周末。我的主播裴小姐为我录制了节目《你是不是过早死去的年轻人》，我把它放在了平台的第二条，配合文字。平台的第一条是《一个人也可以好好过》，我已经写了整整两天，因为是一个故事，我不想太唐突，也不想草率地表达我对故事的主人公我的朋友这些年的敬意。

一个读者在后台给我留言："你这些文章我以前看过。"

我和她解释："第一篇是新写的，所以加了原创标。第二篇是为了配合节目发的文字，文章以前发过，所以没有加原创标，也不加赞赏。"

她似乎并不满意，说："这些文章我明明记得，发过的文章还发，你忽悠谁呢！"

我承认我瞬间被"忽悠"这个词点燃了，像一个温度达到燃点的物体，一瞬间，火光四射。我从来不觉得写文字辛苦，尤其是这些年，有了读者之后，我更加心甘情愿地写字，并多谢每一个读者给我善意的提醒，"文字偶尔平淡，思绪偶尔有乱"。对于这些中肯的评论，我一一谢过。

大约是我每一次，真的是竭尽全力地写，所以容不得有人说我拿文字在忽悠人。就好像是自己拿着精心制作的手工艺，却被人说是坑蒙拐骗一般，已经不是遗憾和惋惜，而是心痛。

我说："我写了很久，连续两天七八个小时。你可以认为我写得不好，但你不能怀疑我的真诚。如果实在不行，只能烦请取关。"

然后她回复我，大意是我这人脾气还挺大，还真说不得了。

她取关我以后，我的心里竟然没有那么多遗憾。或许是，缘分已尽。而我尽力温暖的，是自己一片热心却被浇灭的几乎冷去的心，在发完这通脾气之后，高兴地给自己一个拥抱。

在我们的周围，大多数人都带着足够的善意。而所谓的释放自己，大多数时候并不存在。我们不断努力让自己平和，只是为了让世界也温柔地对待我们。

我记得 23 岁的时候，我的好脾气父亲，在饭局甩手走人的一幕。那一年，一个女人趁着酒意，不停地奚落我，大意是，我不过是一个二本院校的学生，家境又一般，以后毕业也只能在家待业。父亲当时已经很生气了。那个女人又与父亲说起，某某家的儿子虽然是个农村人，只是中专毕业，但家里有钱啊，建议我家可以早点与他家定亲。父亲当场就放下酒杯，拉着我就走，离开前，好像是这样说的，我们家不算富有，但也真的不缺钱。自己的女儿很出色，她会有自己的未来。还有，出了这个门，以后他们就不是朋友了。

我了解父亲，父亲从不会在意人家说我的缺点，比如懒，比如偶尔娇气；父亲也不在意我未来伴侣的身份和家境，在我父亲眼中，对方来自农村与城市都无妨，学历也无妨，待我好就好。但父亲最在意的是，我，作为他的女儿，他有义务保护我。

那个夜里，我尴尬地站在父亲身边，父亲搂着我说："希望今天的事，不会让你太难过。因为你是我的女儿，所以我不容许你被别人轻视。"

后来，那个人主动电话来道歉，说可能是喝多了，也叫了许多中间人来送话，大意是，不要为了酒话伤了大家的感情。

但父亲始终没有再和那个朋友有过联系。

父亲说，不要随意动了自己的原则，因为总是会有人不断来挑战你的底线，而你一旦降低了底线，需要应对的麻烦将会越来越多。

没有人天生与谁做对。我们每一个人，几乎都是满怀善意地行走在这个江湖，遇见形形色色的人，看到形形色色的事，大多数时候，都保持自己的态度，保留自己的情绪，只是因为，我们不希望与这个世界敌对。

可是，我们也终归有自己的脾气。就像是每个人活在这个世界，都是独立的个体，而那一条条原则就是我们身上的标签，不容挑战。

我们好脾气，但不是代表没脾气。

愿若干年后，当我们再回头，所有因为好脾气做过的事，都值得珍藏，也从未后悔。而所有有过脾气而留下的事，也都值得高兴，不再遗憾。

我也是遇到你才想到结婚的

2011年1月1日，新年的第一天。我、乔伊、瑞秋三个人，站在城市最高楼的顶端聊天。那天的寒风刺骨，我们穿着厚厚的棉衣，看着内心的恐惧一点点从身体里爬出。

我、乔伊、瑞秋，终于25岁了。小城市的25岁，是相亲的开始。无聊的中介机构，把所有的男男女女分为A类、B类、C类，像是商品分门别类般地被陈列在货架上。有一条是把26岁作为女性黄金相亲的分割点，过了26岁，除非各方面异常突出，才有机会被排入A类。

谁稀罕呢！我们三个女人，站在分割点的最后一年，一边取笑这些人的无知和势力，一边各怀心事。

乔伊是典型的顽固派，如果说，我是处女座，她就是处女座中的极品。她是一定要遇到那个让她一见钟情到瞬间心跳的人，才愿意飞蛾扑火般地投入的人。

面对另一半的选择时，每个女人都有自己的审美观，但所有女人有一点却是相通的，就是要遇到那个对的人，至于是满分才嫁，还是 80 分才嫁，抑或是 60 分，全看自己。

她说，她最对的选择是回到这座小城市，以独身女的身份守在父母身边。而她最错误的选择，也是回到这座小城市，好像到了某一个年纪非得做什么事，条条框框都有设定，让你沿着它的足迹走。

是，那一年，我们都心怀悔意，乔伊和瑞秋后悔回到 S 城，我后悔这辈子都没有离开 S 城，拔地而起的高楼，让 S 城风姿绰约，可是一代又一代人根深蒂固的轨迹，无声地让我们走上他们所期盼的所谓正道。

我们在一起的那段时间，常常吐槽相亲时遇到的人和事。或许那些在我们眼中所谓的怪异男人心中，我们也是他们的吐槽点。

相对于我和瑞秋，乔伊是最反抗相亲的。我天性有点懦弱，又最见不得我母亲在我面前落泪，虽然抵触相亲，但还会像那些讨厌上课的孩子，一边目无神色地看着相亲对象，一边打瞌睡，任漫长的时间被打发。瑞秋也是，瑞秋不抵触相亲，但也不喜欢。

乔伊反对的，是相亲的形式和内容，以及结果，好像坐下来，大家就把自己的职业、房子、车子、背景放在台面上，匹配之后再谈感情。从来没有人问，你看到他的第一眼，到底喜不喜欢或者讨不讨厌。感情因素被无限靠后放置，这就是相亲。

无数次，她在见了相亲对象之后转身就走，只因为不喜欢，然后留她母亲和相亲对象、对方母亲尴尬地站在那里。

无数次，在相亲后，因为勉强交换了电话，后悔了。然后在相亲对象打来电话后，直接告别："我不喜欢你，你再找别人吧。"

无数次，她接到相亲对象母亲的电话，然后客气又直截了当地回复："阿姨，婚姻是一辈子的事。我想了想，还是不当您媳妇了。"

无数次，对方的母亲也会挖苦她。毕竟每个母亲的心中，自己的孩子都是最优秀，最容不得别人拒绝的。可每每听到诸如"你以为自己很出色"之类的反问，乔伊也从不示弱："我不出色，可总是和我联系的是你儿子啊。"

这个世界，总有一种人，铆足了劲，披荆斩棘，就为了寻找那个对的人。

乔伊就是。

可在上一代人眼中，所有的这一代不喜欢相亲的人，似乎都不够理智。就像在我们这一代人眼中，所有因为结婚而结婚的大部分上一代人，都心为形役。

有一次，乔伊来我家，结果和我一个亲戚展开了激烈的辩论，当时场面失控到尴尬。

我亲戚的大意是，像我们进入社会之后，再想去认识工作以外男人的途径就是相亲了，而且是最好的，也最为保险的途径。女孩子多去相亲，对自己并没有什么坏处啊，知根知底的感情，比谈了多年恋爱结果发现是个穷小子闹着分手好许多吧。还有，女孩子一旦过了某个年纪，就没有了主动权，最后还不是在被别人挑剩的人中选一个自己看得上眼的，凑合着过一生。

乔伊反驳，如果找不到爱的人，她宁可一个人过一生。

亲戚倒也犀利说，以后成了老姑娘，就会后悔今天说的话。

"婚姻不是菜场，你也不是菜，随便让人挑选。你要找的是，同样是一颗菜，和你情投意合的，才最重要。"乔伊说。

亲戚说："天真！你也太把婚姻当真了！"

上一代人和我们这一代人不一样，父母之命以及媒妁之言，还有根深蒂固的传统，深刻影响着他们。在物质高于精神的年代，闭上眼就能做爱，开了灯也未必熟悉，两个人的结合大多是先保证着衣食无忧，然后再慢慢培养感情吧。

乔伊出门的时候，恶狠狠地和我说："我是一定要找到喜欢的人，才会嫁的。"她搞错了对象，朝我发泄，但我理解她的心情，知道这话也是她自己对自己说的。

很快，我有了老陈，瑞秋有了吴寒。老陈是我的高中同学，吴寒是瑞秋在一次相亲会上认识的。最后，我们都结婚了。

乔伊，还是一如既往地在相亲场上拼杀。我曾听到有人在背后议论乔伊：除了能力强些，长得那么普通，家境又一般，找对象差不多就得了。我想，连我都听到了，乔伊一定也不经意听到许多吧。

可乔伊就是那个任性的孩子。

不得不说，从 25 岁到 29 岁，我可以感受到乔伊的一点点改变。乔伊开始变得温和，她已经没有了最开始时的锋利，像一把刀一样随意刺向那些不可能有结果的相亲。但，她的心里还是有锋芒的，所以那些不合适的人，她都决绝地告别，绝不留恋，从不说一句话，只把"不合适"烙在心中的他们身上。

我不想和你结婚，所以我单身。

事实上让其更崩溃的，并不仅仅是这些。而是来自各种三姑六婆的言论，总是让她不得不自动屏蔽。每一次家庭聚餐，她都觉得自己是被火攻的对象，所以出发前不得不身披铠甲，只希望自己还能够完好无损地突破重围。

"你绝望过吗？我小心翼翼地问她。"

"我不绝望，大不了一个人过。遇到对的人再结婚吧，毕竟是一辈子的事。"乔伊把这话重复了三遍。

荷西和三毛曾有一段对白：

荷西：三毛，你等我六年，我有四年大学要念，还有两年兵役要服，六年一过，我就娶你。我的愿望是有一栋小小的公寓，我外出赚钱，Echo 在家煮饭给我吃，这是我人生最快乐的事。

三毛：我们都还年轻，你也才高三，怎么就想结婚了呢？

荷西：我是碰到你之后才想结婚的。

是，我们都是碰到那个对的人之后，才想结婚的。

2014 年的 9 月，29 岁的她，终于遇到了那个人——齐旋。我想说，我们这里的婚介所，大概把这个年纪的乔伊放在 C 类了。

而乔伊，就是这样找到了齐旋。那一年，齐旋也 29 岁。对于一个男孩来说，这个年龄还是黄金时期。

齐旋和乔伊在一个婚礼上认识，桥段老套。那一次，齐旋迟到了，然后赶到他那桌的时候，因为有个人多带了个人，把原本是齐旋的座位坐了。他看到乔伊旁边空着，就顺势坐下。之后的换电话号码什么的就顺理成章地进行了。

"我不知道他哪里好，没什么突出的，在万千相亲者中，并不是最好看的，也不是各方面最优秀的，却是我最中意的。"乔伊说："齐旋长的是我喜欢的类型，胖胖的，不壮实，有点憨。"我问："你不是喜欢浓眉大眼吗？"乔伊笑笑："在对的人面前，你会发现从前的设定都是可以打破的。爱不是匹配的条件，而是那一瞬间，你觉得，你们就该在一起。"

齐旋有点木讷，也很丢三落四，比如去一次餐馆，丢一把伞；比如常常把手机充电器落在咖啡馆；比如找不到车钥匙，差点早上上班迟到。但齐旋唯一不会忘记的，就是乔伊说过的每一句话、喜欢的每一道菜以及她所有的习惯。

乔伊还是和从前一样，横冲直撞地像个孩子，锋芒毕露又会耍小性子，口无遮拦的时候，让人不得不倒吸一口冷气。但她在齐旋面前，开始学会了说"可不可以"，"好不好"。

两情相悦就是如此，外人看起来的一切不合适也都是合适，一切缺点也都是对方的可爱之处，一切问题双方也都愿意慢慢解决。

我曾经问过乔伊，如果没有齐旋，情况再坏一点，35岁以后，也还是没有遇到喜欢的人，怎么办？

乔伊说她没有想过这些。但有一点，和对的人吃一碗饭、睡一张床，她会觉得高兴。或许她要求降低了，可是有一个要求不会降低，就是，她找的人必须是喜欢的那一个。

乔伊和齐旋是在年初的时候结婚的。齐旋还是木木的，在婚礼上不愿意说话，只说了一句，娶到乔伊是他这辈子做得最对的事。乔伊没有说话，笑得傲气而幸福，她终于等到了那个她喜欢的人啊。这并不是向从前的别人宣战，而是为自己的坚持欣慰。

十年修得同船渡，百年修得共枕眠。和对的人携手到老，你至少不会后悔。年轻时，爱得慎重，年老时，活得稳重。一生一世，我们可能很难生活得大富大贵，可是相爱相守是能够选择的。其实，和爱的人在一起，就是生活品质的保证。你愿意容忍他的小错误，也能够保留最真实的自己，然后彼此奋斗，相伴到老。

修得豆腐嘴，别丢了刀子心

　　我 20 岁那年见到 Kally 时，她是一家公司的人事主管。那个夏天，她是面试官，负责收割我们这群对职场充满好奇的大学生。

　　其实，这之前，因为提交简历、咨询的关系，许多人都已经与 Kally 很熟悉了。后来，听说，不少人还提前在 Kally 的办公室出现过。

　　自然，谁都不愿意放弃这个实习的机会，于是，拼尽全力希望通过自己的努力，获得更多的机会。职场就是那么残酷，所有的人都希望自己获得公平，却一次次地亲手制造出不公平。

　　面试在一个会议室进行，Kally 走过时，她都清晰地叫出许多人的名字，这样的结果是，谁都觉得自己是最后胜出的那个人，然后，笑得胸有成竹。

　　一个上午 12 个人就全部面试结束。大家都似乎很放心，不停地摆弄自己的手机，谁也没有说话。我默默地坐在那里，面谈是愉快的。我的担心点在于，这之前我对于 Kally 来说，真的是一张白纸。Kally 没有问我那些"你为什么选择我们公司""你能给公司带来什么"枯燥又机械的千年不变的问题。她问我："你有什么兴趣爱好，做过哪些努力？"

我回答得很诚实，我说我喜欢写作，但是初中过后，一直到高中毕业，这段时间除了老师布置的作文，我很少写了。到大学后的第一年，又开始写。不过，我会感谢没有写作的那六年，我读了很多书，女性作家我最爱的是三毛、张爱玲和王安忆，外国作家我最喜欢的是马尔克斯、博尔赫斯、耶茨。

人事专员小六问我："你放弃了写作，其实，你并没有主见。对吗？"

"是。"我尴尬地笑笑。

Kally 却说，没关系，以后努力就是了。我看到她的笑容，是那种春风化雨的温暖。后来，她问我，是不是当时很想哭。我说，确实。

来公布结果的是 Kally。我和另一个男孩子入选了实习生岗位，被留下来做第一次岗前培训。

当我们在办公室谈这些事情时，一同面试的一个姑娘跑进了Kally 办公室。Kally 清楚地叫出了她的名字，而且可以明显感受到，她们之间有着多次见面的熟悉感。那个姑娘说："Kally 姐，我今天发挥不好，能否再给我一个机会，我一定好好干。"

Kally 说："不可以。今年，我们只招两个实习生。这样，我帮你推荐到其他公司，他们也正在面试。"

那个姑娘摇摇头，说："我只想在这里和你工作。真的请您给我一次机会。"我看到她的眼泪掉了下来。

我和 Kally 说："我们需不需要回避一下？"

Kally 说："不必。"

　　她对女孩说的一番话，我大概这辈子都忘不了，她说："每个公司都有规则，谁都不能破坏。我们私下里可以成为朋友，但是能不能成为工作伙伴，是要看公司整体需要。你没有必要把时间落在这里。真的很感激你喜欢我们这里，明年有实习生面试，希望你还来参加。"这句自然是职场久经沙场的结束语。Kally 抱了下那个女孩，把她送到了电梯口。

　　后来，Kally 和我说，任何时候，当机立断是最好的方式。如果没有希望，就干脆让别人失望，这也是对别人最好的尊重。

　　我在公司的师父 Lin 是整个公司销售业绩最好，也是最心直口快的人，一度 10 个月蝉联公司销售冠军。学霸的共同特点是，他只要开始奔跑，就可以让人闻风丧胆。

　　但 Lin 说，Kally 是我们单位可能最好打交道，也最难相处的人。

　　在公司时，几乎每天中午，你都可以看到 Kally 和不同的同事高兴地聊各种话题，让人亲切得没有距离。还有一件事让我印象特别深刻。当时，我们的一个副总经理是个脾气特别暴躁的人，有时会冲到我们的集中办公区，指责业务失误的人。只要 Kally 在，她会立刻跑出办公室，先帮助副总问清楚事情，这个延缓期后，副总基本就过了气急败坏的阶段。然后 Kally 会让业务员提出解决方案。而 Kally 的聪明就在于，可以把别人失误的原因归结得特别有理由。于是，只要副总在，所有人都希望 Kally 不要外出。

　　Lin 说过一句话：这样的人，就是传说中的，豆腐嘴和刀子心并存，并用得游刃有余的人。是，善良而有原则，温柔而不妥协，才是驰骋生活最好的方式。

进公司的第三天，我就目睹了 Kally 如何辞退了一名员工，当然，这是她和公司领导商议的结果。

那个被辞退的员工刚入职两年，名牌大学的毕业生，当时，是 Kally 和业务部、设计部两个主管，还有副总经理一同面试的她。Kally 觉得她很聪明，虽然看得出还没有褪去许多大学生略带的慵懒，于是，商议着给她一次机会。但进入单位之后，所有新入职的员工进行排名，她的业务成绩一直处于末三位。除此之外，上班迟到、炒股……问题一个接着一个。公司有一个规定是，一个月内除特殊情况外，迟到不能超过三次，至于炒股，更是不允许在上班时间进行。

我后来听说，这之前，Kally 和她一直保持着很不错的私人关系。午餐时间，Kally 时常与她拼桌。因为住得近，还会一同打车下班。单位出去旅游的时候，Kally 会和她坐在相邻的座位。至于那些她时常迟到或是请假的时间，轮到老总查岗，Kally 也会万千理由为她开脱。单位的许多同事一直在这个问题上，对 Kally 颇有微词。

Kally 告知她辞退这个消息的时候，她在办公室里吼："Kally，你还真是心狠手辣!"

"我也很抱歉，但公司有公司的规定，我希望你能够谅解。"Kally 说完，眼睛已经红了。

师父 Lin 不禁为 Kally 叫屈。这之前，Kally 已经多次到她的办公桌前小声提醒她，在师父的印象里的，也不少于十次，就更别提私下提醒了。

作为实习生，我承担了一些最基础性的工作，比如打水、买下午茶，偶尔跑很远的路给人买办公用品。我一直有一个初衷：在别人最需要的时刻，做他们最需要的事。师父 Lin 是一个很开明的人，他一直认为，做好自己的事，就可以喝茶、读书，做自己喜欢的事。于是，在帮他校对完所有的资料后，我就会有自己的空闲时间，很快，我就成为那个遇到琐事，第一个被要求的人。

记得有一次，设计部主任跑来与我说，希望我能够帮他们去买五根一米的尺子。Lin 说，没有问题。那个下午，我几乎跑了半个城市，才终于在一个商场里买到了尺子，然后满头大汗地回到了公司。

Kally 等在公司电梯口，让我去一趟她的办公室。

"这段时间，你的工作真的非常出色。作为实习生，这样做，自然是能够受到欢迎的。但你也要知道，自己最本职的工作是什么，是做业务。你应该把更多的时间放在业务上，而不是扮演一个打杂的角色。你要学会拒绝，职场从来不眷顾'老好人'。"

我红着脸，点点头。多年之后，我开始明白，你的价值，首先是你自己的价值，而不是永远为别人体现价值。

"Lin 是很不错的师父，但他没有很好地提醒你这个问题，其实，对你成长是不利的。"她递给我一杯咖啡，接着说，"因为我很喜欢你，但你性格太过于柔和，职场的铠甲从来不是武器，而是防身工具。"

后来，我发现，在职场，适时拒绝，比疲于奔命，会让你更受尊重，而你也终于不必太为难自己。

所有人都希望自己在生活、在职场中被认可、被肯定，要是被众星拱月就更好了。于是，我们做各种事情想得到别人的认可，然而，这样的结果是，你会成为那个边缘人物，那个可有可无的人物，那个别人不必在意你又可以对你任意妄为的人。

于是，我终于开始明白，你的豆腐嘴，是你的修养；你的刀子心，是你的原则。修养和原则，从来都不矛盾。我们要待人友好，心地纯良，在别人最困难的时候，从不转身离开；我们也要身藏一把匕首，懂得适时的断舍离。

前些日子，我再去公司，师父 Lin 已经成了业务主管。还是和从前一样，抽着烟，桌子上一堆完成的资料，等着约定时间送给客户，然后独自一人看销售的书。而 Kally 成了公司最年轻的副总经理。

我们一起吃饭的时候，说了很多当年往事。师父 Lin 说，既要修得豆腐嘴，也不要丢了刀子心，这样的人，一定不会太差。

Kally 笑了笑没有说话，我依旧记得当年她和我说的话："这个世界，从来不缺妥协的人。你要有属于你自己的光芒，你的独立，你的原则，哪怕你的拒绝，都坦坦荡荡地让人心服口服，让自己按着自己本来的意愿，活得舒服、自在而明媚。"

没有谁的独来独往是与生俱来的

独来独往这件事从来不是自己选择的结果，而是自然而然地在你的骨子里日久生根。

你也不知道为什么，就算这一刻，身处闹哄哄的世界，充满着五光十色和纸醉金迷，下一刻，依旧喜欢一个人包得严严实实的，走在寒冷的夜里，对着昏暗的路灯，横着眉倔强地笑。用《少年时代》导演林克莱特的话说，时间是最伟大的力量。

除了身体发肤，没有什么是与生俱来的，更没有什么是与生热爱的。比如独来独往。

我一直想说我的朋友米米的故事，与励志无关，只是陪她在她的生活里走了一圈，于是懂得了时间是怎样不动声色地改变了一个人。

米米，是陪伴了我二十多年岁月的朋友，虽然现在的维系只是偶尔的一顿饭而已。

她毕业之后就从家里搬出来了，在离公司最近的地方租了一个房子，一个人吃饭，一个人骑着自行车上下班，一个人拎着十多斤的资料坐着公交车去和客户谈业务，一个人为了一笔业务连续加班十多个晚上。初初入职时，既没有休息又没有工作餐，在还要加班的周末，她会给年迈的父母打个电话，然后蒸三个包子拿到单位，早上一个，中午一个，晚上一个，吃得满身的包子味；在南方最冷的冬天凌晨，她拒绝了公司同事送她回家的美意，一个人在瑟瑟寒风中，包得只剩两只眼睛，在街头一群混混的口哨与追逐中骑进小区，然后闭上眼睛，缓解暂时的不安；与老板同事出去，和客户应酬，她很会运用自己的美貌，笑语盈盈地和他们碰杯，又客气地拒绝他们的深夜长谈，早早地回家。

其实，我小时候遇见的米米，不是这样的。她和现在一样好看，但，是那种热烈的样子。站在热闹的人群中，喜欢扮演小公主，没有万千宠爱的时候就哭，花团锦簇的时候就笑。活动课的时候，她喜欢挑选她的伙伴，然后拉着她们的手在操场上疯狂地跑；她和同学成群结队地去学校对面的小花园里玩，她写作业也喜欢许多人一起，大家一边说话一边写字。老师纵容她的坏脾气，所有的荣誉都给她，一切无非是因为她的父亲身居要职。

而我记得，那时，她家已经有100多平方米的房子，虽然装修得并不豪华，但是隐隐中，就能见得一种权贵气质——不知是不是我自己的感觉太敏捷。好几次我去的时候，都有人西装笔挺地在客厅与她的父亲谈天，而我和她一起在里屋玩洋娃娃，除了几乎每隔一段时间都有新的洋娃娃，我也记得那些客人总是会在离开的时候打开房门说："哟，米米又漂亮了，再见呀。"她高傲地扬起脸，笑一笑，就继续与我玩了。

那时的她，并不知道她的热闹是她父亲给的。

她 14 岁的时候，父亲出了事，出了事一定是有错在先的，米米知道。但几乎同一时间，她开始懂得，人情之变，比时间快多了。

那一学期，三好学生的名单里就立刻没有了她的名字，班干部改选的时候她也落选了，她考试成绩一落万丈也没有老师再找她谈心，还有一些同学开始在背后议论她："她的爸爸被抓进去了，好可怜。"什么可怜，或许还藏着些许的恶意吧。

米米并没有哭，她只是变得十分沉默。

我没有安慰她，也不知道怎么安慰她。女孩子心理成熟果然比较早，我竟然觉得，当时的自己用沉默陪她沉默，是最明智的选择。但我永远记得有一个休息天，我们穿马路的时候，她走到马路中间，突然不动了，闭着眼睛，直愣愣地站着。幸好，过路的汽车一个急刹车，停在了她的面前，虽然司机拼命地骂她，但我依然感谢他的灵敏，捡回了米米因错误决定而企图丢掉的性命。

我把她拉到马路边的那一刻，她像是一个惊慌失措的孩子一样大哭。也是我那么多年，第一次看到她哭。我们很晚才回家，那时还没有电话，我把她送回家的时候，她的母亲身影消瘦地站在大门口，一见她，就抱着她哭。

米米说，她几乎是一夜长大的。人来人往过后，一个温暖的拥抱也并没有那么容易得到。

米米的初中、高中乃至大学，各方面一直都是最优秀的。千百年来考试的制度给了每一个人最均等的机会，也给了米米一种信心，她知道，这是唯一可以证明自己的方式。

她说，她上课的时候是不敢开小差的，因为她并不确定谁一定能够给她再一次学习的机会；她有许多朋友，但来来去去的也很多，她从来不介意一个人玩；她考试前也拒绝了所谓的分组一起学习，因为她觉得不如自己一个人复习。她在路上，也与人热情地打招呼，却从不等着谁一起放学回家，两个人也好，三个人也罢，一个人也无所谓。一直到中学毕业，她给我看她的同学录，我说："你好像并没有写齐所有人的联系方式啊。"她说："能写的已经写了，没时间写的也不勉强了。"

一直到如今，她的眼睛里都有一种淡然。遇见过人情冷暖，也知道别人会忽远忽近，但不再惊慌失措，这种挂着淡然的笑容，恰到好处。

米米的经历很长，写成了故事却好像有点短。我只是想说，我一直相信一句话，每一个热爱独来独往的人的身后，都有你所不知道的故事。这个世界，对热闹的关心与袒护总格外多，却对寂静的有心和爱护相对少。所以，很少人知道，你独来独往并不是与这个世界的无声抗争，而是在与这个世界水乳交融，化解自己内心对过去的偏见也好，误会也罢，只是与你有关。

"他们以为是因为我性格冷，不过是我喜欢独来独往。"米米常常和我说这句话，"我可以应付热闹，但我不喜欢热闹，这是这个世界最虚伪的表象。所有人，都不如自己可靠。"

听到这里，你是不是认为作为朋友，我会很伤心。并不会。因为看到过她的那些年，便懂得了如今的她是由过去许多个瞬间拼凑而成的。

记得有人曾在文章中写张爱玲，别人对她的评价"总是独来独往"，包括晚年，许多人也用"独来独往"来形容她，但是如果你知道张爱玲的童年生活，是在父母长期不和，后又遭到继母的责打，然后再遭到继母的诬陷，百口莫辩被生父再一顿痛打的环境下，你就知道为什么若干年后，她笔下的曹七巧会如此暴戾，那个顾曼璐又如此可恨又可怜。张爱玲骨子里的冷漠孤独，并不信任任何人，使她不得不把自己放在自己的世界里，独来独往治疗自己。

人生盛大如布影，对于独来独往的你，无论你在布影前是怎样的角色，化怎样的妆，做怎样的动作，在布影背后都是你最本真的样子。什么岁月无情刀刀刻在身上，什么百转千移物是人非，你练就的一身独来独往，最后只是一种状态，与任何情绪都无关。

我很喜欢三毛的一句话："知音，能有一个已经很好了，不必太多。如果实在没有，还有自己。好好对待自己，跟自己相处，也是一个朋友。"

独来独往的现在，以及过去的你。因果相连，生生相关。

我永远记得自己 15 岁那年，因为自己错失一言，被班主任误解为早恋而告诉我父母时，自己无力辩解的样子，也永远记得被老师认为是一个内向的"问题少女"不知如何是好的难过，同学们也主动站到了老师的那一边，留下我一个人。在组队活动的时候，我找不到伙伴，呆呆地站在一旁。我的孤独是别人给予的，然后深深地走进了我的生命。

不过，如今我依旧满怀感恩，在热闹的少年时代，学会了一个人心平气和地独自面对死气沉沉的周遭。这大概也算是我至今看来平顺日子里最刻骨铭心的一段，因为那时，我懂得，独来独往并不可怕，可怕的是独来独往的你，并不爱自己。

从来，鲜花似锦，驽马为啸，都只是过客。你所见到的独来独往，都有一段你并不知道的曾经。时间铸成的厚厚的铠甲，并不会让你寸步难行，只会让你知冷知暖。

至于往后，如果你一不小心成了独来独往的人，你便会懂，没有谁的独来独往是与生俱来的。

真的！

Part 5

我们都是风雨夜归人

我们都在慢慢长大，而与父母的情谊，在时间中，正慢慢变淡。

往事不可追，而若与父母错过了相依相偎的缘分，才是今生今世最大的遗憾。

我们都是风雨夜归人

许多年前一个大年三十的下午。在公交车上，一个母亲正高兴地与人说她女儿下午三点左右到 S 城，自己要去车站接她。

她打扮得精致，画了眉毛，又抹了嘴唇，身上漂亮的大衣好像是刚买的，簇新簇新，她时不时地笑，眉宇间的喜悦，大约是一个女人，除了为人妻外最为幸福的样子。

若干年后，我再回忆起这个场景，女人的笑颜依旧可以浮现在我的眼前，这是千千万万个母亲等到归家子女后的欣喜，也是这份看似平常的出场却饱含情意的仪式里深沉的爱，这就是最平凡的母亲的心。

接着，我看到那个母亲接到了她的女儿，她们隔着一条马路深情地挥手，汽车就这样一辆一辆地路过她们的身边。她们几乎是飞奔着跑在了一起，紧紧地依偎。

那一年，我高中考了一个特别难看的分数，所以寒假里没日没夜地在图书馆里补习；我甚至恐惧于回家，害怕父母在觥筹交错间，说起我的分数，舍不得斥责又格外叹息的脸。

不过后来，我释然了，不仅仅是看到了这对母女，也想起了我早上离开家时，母亲说的那句"记得早点回家"。

《老炮儿》里，我哭得最凶的有两段场景：

一段是六爷为了救自己的儿子晓波，被一个年轻人扇了一个巴掌。一个多么骄傲的男人，当他面对身处危险的儿子，也甘于丢下自己的面子。

还有一段，是最后一个镜头，六爷奔跑着倒在了他曾经叱咤风云的后海。

老陈很不理解，前一个镜头，为什么我失控地大哭，在他眼中，仅仅是一个男人的暮年风华不在，可我却觉得，爱是为对方受委屈，又心甘情愿。

我一直觉得，父母与子女是前生前世修来的缘分——富裕与贫穷，聪明与愚笨，从我们出世的那一刻起，就意味着共同分担；而至于那份深情，是今生今世每一个重要的日子里，可以轻而易举地想起对方，愿意彼此拥抱彼此取暖，谁也见不得对方受委屈，谁都愿意为对方受委屈。

六爷是，天下许多个的父母都是。许多时候，没有那么轰轰烈烈，只消在转角处那一刻的对视，你就知道爱与被爱，生生不息地存在。

有一段时间，我特别叛逆。大多数叛逆的人，都是因为脆弱、迷茫抑或是生活不顺遂，于是拼命地用另一种方式证明自己的存在感，而那时的我像极了这一群人。

　　22 岁，我瞒着父母，一个人去 H 城旅行。S 城和 H 城很近，只有半个小时的路程，可我硬生生地住了半个月。除了吃饭、睡觉、逛街，什么都不干，心里更多的是对于未来的迷茫，我说自己需要整理心绪，其实，更是因为懒于应付那段时间扑面而来的许多压力——考研、考体制还是工作。白天，我穿街走巷，坐各式各样的公交，从起点坐到终点，再从终点折返到起点。后来我先生疑惑于我为什么对 H 城的公交了如指掌，我却不敢与他说起这一段故事；晚上，我很早就回宾馆，看报纸、看电视。一直到把自己所有攒来的稿费花完，也足足厌倦了放松到死的日子，拎着一堆衣服，用身上仅有的二十五元钱，回家。

　　那一天，我告诉父亲，下午回家，但我没有告诉他时间，无非是因为害怕他来接我。可我出站的那一刻，看到父亲站在那里，还是哭了。

　　父亲昂着头，他视力很差，虽然戴着眼镜，也时常错过人，是我先看到他的。我拍了拍他的肩膀，他看着我，和我笑了笑，一句也没有说。他的自行车座上还有我年少时坐过的垫子，陈旧而干净，那么多年了，他一直没有取下。

　　工作之后，我一直留在 S 城。我觉得自己是个没用的人，功名利禄，你说我看淡也好，而事实上，我确实什么都没有。唯一硬要说值得父母骄傲的，也就是他们在生病的那一刻，我能够第一时间到他们身边；他们想见我的时候，我一边说着自己忙，一边也会回家小坐；他们编着各种各样的理由叫我回家吃饭，我偶尔戳穿，偶尔也不戳穿，随着性子，却让他们依旧有着子女在身边的安心。

母亲说我不远游，真是件高兴事。而每每此时，我的内心也特别安慰。

父亲很喜欢听我和他说我最近工作的心得。大多数父亲都是如此，对工作有着一份天然的事业心，哪怕寄托在子女身上，也可以喋喋不休地抒发他曾经的抱负。我很少说自己的牢骚，但为了在父亲面前表现出一个大人的样子，我也必须得努力让自己变好，以便不需要掩饰自己的无力感，然后胸有成竹地和他讨论。

父亲一边听，一边点头，他不说话，但他想说的，却全写在脸上。

现时现世，随着父母年岁渐长，我已经开始扮演了一个安排者——比如安排他们的出游，安排守岁，安排聚餐。可你依然可以感受到，自己作为子女的优越感，他们总是包容你的一切，顺从你的喜好，只要你在他们身边，哪怕做最细微的事，他们也可以无限放大地读出幸福感。比如前段时间，我为母亲买了一双单鞋，她天天穿着，再冷的天，她也会穿着。

刚才回家的时候，和父母确定了年三十的晚餐，给他们看了菜单，又说了一些诸如"早点去"之类的话，我也知道，那一天，我们总是会守岁，因为他们一直需要那份心安。

最近，总是有人问我："过年会干些什么，去哪里旅行？"我很肯定地回答：陪伴父母。

也许这些年，我才有越来越深的体会：我们都在慢慢长大，而与父母的情谊，在时间中，正慢慢变淡。往事不可追，而若与父母错过了相依相偎的缘分，才是今生今世最大的遗憾。

不要随意富养你的孩子

前些日子的一个深夜，我打车去车站接人。出租车司机是个头发花白的中年人，长长的路途上，他一边与我说话，一边叹气，我大约这辈子都忘不了，他熬夜通红的眼睛和对于生活无奈的表情，他说："不好意思，让你见笑了。"

我说："不会。"

他是一个26岁女孩的父亲。15年前，他下岗了。由于没有任何技术，他开始踏人力三轮车，用他的话说，什么也不会，只能靠力气赚钱。于是，租了一辆三轮车，然后没日没夜地踏。为了赚钱，他每天早上6点出门，晚上11点回家，一天都舍不得休息，有一段时间累到晚上睡觉都会流鼻血。7年前，他开始学开车，他已经快50岁了，理论考、场地考、路考，他花了3个月时间考了下来。两三年后，通过了出租车驾驶员的考试，租了一辆出租车，一直开到现在。

他是一个最最普通的劳动者，也是一个最最普通家庭的顶梁柱，和千千万万的男人一样，为孩子和妻子的生活，默默无闻地提供着给予。他有着最简单和直接的父爱，他几乎舍不得吃路边的快餐，每个晚上的伙食，就是一包 3 块钱的苏打饼干；他舍不得染头发，一定要等全白了才肯去染；他身上的衣服还是他十年前买的。但他给予孩子的，都是他认为所能给予的最好的，中学时候的营养品一点都不落下，名牌衣服一件也不落下。上大学那年，为她买了笔记本电脑，买了她喜欢的手机，电脑和手机加起来快 10000 元，他想都没有多想，就买了下来。之后，只要孩子需要什么，他都尽力满足。

"我觉得我作为父亲，已经尽力了。"他问我，"你说是不是？"

我很想告诉他，其实你完全不必为了给予孩子最好的生活，而让自己连最普通的日子都过不上，可我真的不想伤了一个最普通父亲的心，违心地笑了笑。

一直以来，我都并不完全认同"富养"这个概念。一个孩子从小拥有优渥的物质确实可以让他在今后的日子里不至于为了物质而穷心极欲，迷失东西，但如果你只是无限地给予，他是无法慢慢成长为一个懂得付出与努力的大人的。而当他以一个孩子的身份走入社会，这个社会一旦以大人的身份衡量他，他就会被无情地淘汰，至少一开始一定是这样。

中国的家长很懂得付出，一些家长会告诉孩子"我们这样辛苦地活着，就是为了你"，一些家长会默默隐忍，然后一直付出到生命的最后一刻，但很少有家长在为孩子付出的同时，让他们慢慢成长，希望他们有朝一日也通过自己的努力过上自己希望的日子。

这个中年男人的孩子的故事在意料之中，但好像比我想象得更坏一点。女儿毕业后，先去了一家公司，上了五天班就辞职了，因为她发现公司的伙食太差，而且路远不得不坐公交车，于是拎着包回家了。她在家待了一个月后，找到了第二份工作，虽然去公司的路很远，但是公司是一个大型企业。他终归是希望她能够安心工作，于是给她买了一辆车，不算好，八万多，但却花尽了所有的积蓄。原本希望她安安稳稳地工作，可是，一年后，也就是今年，她被辞退了，一直到现在还待业在家。这个老父亲托人见到了她的老板，还拎了东西。

"你知道的，这其实并不是光彩的事，你也知道我去做什么。可我听了他们主管的话，很羞愧。主管说，她什么都不会写，什么都不肯干，有些时候办公室做大扫除，所有人都在劳动，她一个人在旁边玩手机；纪律性很不强，迟到早退，中午跑出去，下午三点才进公司；上班时间坐在办公室里化妆，不停地吃零食，聊QQ。你说，我听了这样的话，还能说什么？"中年男人抹了把脸叹息道，"真是家丑不可外扬。"

他也是无处可说，他能与谁说呢！

其实，这样的孩子虽然不多，但多多少少可以看到许多年轻人的影子。我们许多人都是被"富养"的一代，这里的富养并不是特指生活在别墅里，出门坐豪车，而是得到了超出家庭实际能力承受的更优渥的物质条件。我们生活在温床里，被人遮风挡雨，以至于许多年里我们都以为，这个社会，是自己有一天想努力了，然后开始努力，就可以过上优质生活的社会。然而，事实呢？

包括我，我也是被无端"富养"过的。小时候，我的家境确实不差，虽然父亲也经历了下岗，但是又很快找到了工作，几乎是无缝衔接，但我所拥有的日子，至今想来，都觉得对父母有所亏欠。

　　我每周要上三个兴趣班，并且价格不菲；母亲每次出门都会给我买好看的裙子，有品牌是她的标准之一；后来，因为我数学不好，还给我请过家教。有一件事，我至今难忘，上大学的时候，有一天，因为临时调课，我在早上回家。一进门，就看到母亲在吃泡饭，什么菜都没有。我很惊讶，父亲也是不经意地说，这都好多年了，每天早上泡饭上撒盐。母亲迅速地与父亲使了个眼色，父亲一出口就意识到自己说错了话，而我在那一刻竟然什么都说不出来。

　　我也承认，我还有被"富养"过孩子的弱点——比如胆小，比如没主见，比如怕事。我也经历了很长一段时间的自我纠正。有一次，我去打工，还自己一个人去跟老板讨薪。这个故事发生在我大一的时候，我做完一个促销，去与品牌的代理商结钱。代理商是个30多岁的女人，她说，工资是一定要打入某银行卡的，让我明天去办卡，不然就算是作废。女人的语气很凶，说得当时20来岁的我，差一点就哭了。在回家的路上，我就忍不住一边骑车一边哭，到门口的时候，把眼泪擦干才进门。可一回到家，父亲马上看到了我的委屈，母亲也看出来了。母亲护女心切，说："你明天去办卡，我陪你一起去那个代理商那里，她要是再凶，我们就报警。"母亲是个心急的女人，恨不得马上就是第二天早上。但父亲说："这次你自己去试试，如果再不行，我们再去。"

　　父亲一直说20岁对于一个孩子是一个里程碑，这个时候要像一个大人一样活着了。所以在之后的许多日子，他不停地希望我能够出去实习、打工，哪怕没有工资。

　　忘了说，第二天，老板还是很凶，我和老板说卡我办来了，希望钱打入后给我打个电话。她看了我一眼，没说什么话。但我经历过这一次以后，对很多事情好像真的没有那么害怕了。

　　所以，当有一天，我和婆婆说我曾经打工的那些故事，婆婆很是惊讶，她不是觉得我有多能干，而是觉得我的父母居然同意让自己的女儿去做那么辛苦的工作，甚至一个人去讨薪。我婆婆也如那些传统的母亲，所以，他的两个儿子就是传说中的"妈宝男"。我先生，也就是他的大儿子后来去了飞行学院，停飞后分配到了一个部队的司令部，大约当过军人，勉强还能吃苦，也经历过风吹日晒，渐渐脱离了"妈宝男"的标签。而我的小叔子，一直到大四，所有的假期都是在电脑游戏中度过。现在，我婆婆开始担忧未来他能做什么，她也知道曾经的自己太过于宠爱小儿子以致他面对这个社会时颤颤巍巍，甚至去修一部手机也需要母亲跟着。可是，她也不知道如何是好。而我想说，这其实就是大部分父母和孩子的茫然，因为他们永远希望改变是一时之间能够完成的，然而这是一个过程，甚至会很漫长。

　　当然，我还是要多谢父亲那一段日子的鼓励，在适当的时候，让我独自去面对风雨。虽然我承认，现在的我，依旧有许多改不掉的毛病，但在走上社会的那些年，在时常被大雨淋湿的日子里，开始会自己打伞，开始与这个社会有原则地和解与相处，开始面对每一个形形色色的人。

　　回到与那个司机的对话，我说："就当是之前没有的成长，现在开始慢慢补课。"

那个司机说："是吗？我女儿也可以改变吗？"

我说："应该可以的。"然后我编了一个故事，就是那种一个姑娘毕业之后如何碰壁，后来如何觉醒，现在又过上好日子的桥段。我看到那个中年男子的眼睛有点发亮，有一种一路以来都没有的亮光。

"早点回家。"我下车后说。他笑了笑，说："不好意思啊。"

那一夜，我的脑海中都是那个中年男子的样子，他的皱纹不断地浮现在我的眼前。我不想说，关于富养是对还是错，因为每个人面对孩子的方式是不一样的，但不随意富养孩子，是每一个父母最需要的原则和态度，因为孩子，永远只是你的孩子，而社会需要的是一个大人，而不是一个孩子。人来人往，让孩子能够独自自如地面对这个世界的父母，或许才是真正负责而有爱的父母。

对不起，我从不感谢伤害我的人

曾经，有一段关于岳云鹏过往经历的视频被大量转发。视频中说了三个故事：

第一个故事是岳云鹏在后厨工作的时候，平时工作表现挺不错，但厨师长的小舅子相中了他的工作，于是，他就这样失去了在厨房的工作。

第二个故事是他在做保洁员的时候，天天刷厕所，可是有一天，老板喝多了去了男厕所，可那个时候，他正在女厕所搞卫生，他第一时间没看见，于是老板出来后，把他又开除了。理由是"你没有第一时间处理"。

第三个故事是给他带来伤害最深的。他15岁那年当服务员，在一次接待中，把酒水一栏写错了，当时，顾客就不高兴了，骂他，各种方式侮辱他。岳云鹏说尽了好话，各种赔礼道歉，也愿意自掏腰包为顾客免单。可那个顾客一直纠缠了三个多小时，旁边却没有一个人说"差不多得了"。

岳云鹏对着镜头说："我心里还是恨他，我特别恨他。"这张从来都是说笑着的脸庞就这样落下了眼泪，一颗一颗，根本止不住。

我讲这个故事的时候，脑中浮现的是我的好友小堡，我永远记得那一次她走过初中班主任的身边，冷冷地说了一句话："这个世界要感谢的人那么多，没必要把那些伤害你的人放进你的名单。"

学生时代的小堡是一个胖姑娘，拥有 1 米 65 的身高，配合着 140 斤的体重，以及永远的蝴蝶袖和双下巴。青春期的荷尔蒙，让人最焦灼的事就是肥胖，好像永远穿不了好看的衣服，永远也不能自信满满地走过喜欢的男生身边。

偏偏是小堡的偏科现象又极其严重，在初二的时候达到了低谷。每次给她解答物理、化学中所谓的难题的时候，我都觉得汗颜，老实说，我的理科水平也很糟糕，可是对她所有的提问，我都可以对答如流。

我知道小堡的班主任非常势力，比如我听说她可以纵容班上有钱人家的孩子肆意地撕别的同学的书本并不闻不问，也听说她可以让有权势的家庭的同学轻而易举地入团评优，所以，像小堡这样出身家庭略微平凡的，只能拼命依靠自己的努力才能在老师心中占领一定的分量。

小堡很努力，可是她的成绩依旧很糟糕，在 50 人的班上，永远在 35 名之后，这让我这个好友看着都心急。而班主任呢，好像连评语都懒得写，写上分数就了事。但小堡的心态还算不错，她始终坚信，自己只是笨一点，如果努力一点，还是能得到别人的尊重。

一直有一天，小堡哭着到我家，我才知道，那一次，小堡的物理成绩是全班最后一名。班主任当着全班同学的面侮辱小堡："长那么难看，那么胖，成绩还那么差，以后没工作，也嫁不了人，看你怎么办！"

小堡几乎是拿起书包冲出教室的，她觉得自己的自尊心被班主任掏空了。15岁的她，甚至想到了自杀，还好，她的父母及时制止了她的这一念头，而她整整三天没有上课。

后来，小堡的父母给她转了学。

转学后，小堡开始努力减肥，跑步、跳绳、控制饮食，从140斤瘦到了100斤；开始慢慢调整自己的心态，父母也为她请了一个家教，从最基础的知识开始补习，补习了整整一年。她遇上了还算不错的班主任，鼓励她减肥，也辅导她的功课。

再后来，她走上了好学生的轨迹，考上了重点高中、重点大学，现在有了一份还算不错的工作。

那天，我和她在路上遇到她原来的班主任，她班主任已经退休，头发花白，但依旧是一副高高在上的样子。小堡叫了一声"老师"，转身要走，老师却一把拉住她，说她现在真的和初中时候不一样了，看样子的确需要严格要求，严师的学生……她的眼神中带着些许的轻蔑，细小的眼睛一直斜视着。

小堡打断了她的话说："转学后，我的班主任确实还不错。"

只见她的班主任尴尬地笑笑，走了。

其实，每一个活在世上的个体，都是赶路人。从一出生开始，我们就开始朝着终点走去，所有的一切不过殊途同归而已。

这一路，已经有许多人需要感谢了。那些黑暗中愿意陪你行走的人，我们要感谢；那些为你疗伤的人，我们要感谢；那些给我们指点迷津的人，我们要感谢；那些你难过的时候一个电话来到你身边，你受伤时为你上药，你痛哭时愿意说安慰话的人，我们都要感谢。

可我们真的不必感谢那些伤害你的人。就好比，你走在路上，有一个人拿着棍子打伤了你，把你打到皮开肉绽，遍体鳞伤，那么你痊愈之后，会不会在若干年之后遇到他时，感谢他，如果定要感谢，也不过是感谢他曾经的不杀之恩，留你一条命在这世界上来证明自己。

这个世界，总是有太多的人，会告诉我们，要感谢那些过去受过的伤，吃过的苦，伤害你的人，因为他们的存在，才有了此时此刻坚强而努力的自己。所有的伤害，让我们宽容与原谅，并不那么难，但如果让我们感谢，好像真的只是感谢那时不放弃依旧不断前行的自己，终于不再让别人随意指摘。至于那个伤害自己的人，应该永远不会想要感谢。

说一件发生在我身上的事。

我很小的时候，因为性格内向，没什么特长，然后为人好说话，每次班干部找不到"纪律表现不好"的同学时，都会把我的名字写上去，来完成他的任务。

所以，有很长一段时间，老师因为不明真相，总是把"爱讲空话"写入我的家校联系本中。我还为此写过很多的检讨书。

不过，我一向属于那种逆来顺受，默默忍受的人，一副无所谓的样子。

只是，那段时间，我也总结了一下原因：一是可能我真的太内向了，内向到所有人都以为我可以随意欺负。二是我实在没什么拿得出手的才能，所以，在班里基本是个可有可无的人，在老师心中自然也会是这样。

于是，那一年，我报名参加市里的主持人大赛，我准备了朗诵和舞蹈，运气很好，一路过关斩将闯到了前十名。在老师心中，我几乎是黑马一样的存在。这之后，每当有活动与比赛时，我开始占据选择权，可以根据自己的爱好参加学校的活动，而老师也下意识地认为，我的存在就是名次的保证。

记得有一次吃饭的时候，说起年少时的事，那个常常把我名字记下来的班干部笑意盈盈地说："幸好逼了你一把，要不然真不知道你有多优秀。"

而我只丢给她一句话："所以我要谢谢自己，没被你逼死。"

我知道她的面色并不好看，但我还是和她碰了个杯，趁着酒劲，还补了一句："对不起，我真的没办法感谢你。"

有一句话说，那些伤害过你的人，没什么值得感谢的，能扛过去是你当初了不起，扛不过去你现在只会更卑微。要感激的只是你自己，还有一直陪在你身边的人，多谢自己当初熬了过去，多谢身边的人一直支持你爱着你。

是，伤害你的人给了你伤害，我可以不计较，可以不以怨抱怨，甚至偶尔也能以德报怨，能宽容，都可以。但这个世界需要感谢的人太多，长长的清单里根本容不下那些伤害过自己的人。

所以，伤害过我的人，我也祝福你，我只愿你在你自己的世界里，从此天各一方，各自安好，就好。

至于感谢，对不起，我从不感谢伤害过我的人，这是我自始至终的原则。

我们不能总把坏情绪留给父母

许多年前，一个著名主持人在综艺节目上说到自己与母亲的故事："每次回家，母亲都会让我带许多东西走，而我总是用不耐烦的语气对她说，不要不要。我的态度很差，到了机场，我就开始后悔。可是下一次，依旧如此，循环往复。"说到这里的时候，他的眼眶就红了，许多人也沉默了。母亲，于许多人，扮演的都是那个温暖、安全又默默付出的角色。

我想起这一幕，是因为前段时间遇见的一对母女，我不敢说这会不会是终生难忘的一件事，但至少如今，每次和父母相处，无论发生天大的事，都会节制自己的情感，哪怕心烦气躁，哪怕无可奈何。

那是在城市早上八九点的公交车上，我的身后是一对母女，母亲的话很多，有一事没一事地说着家里的琐事，唱着独角戏的她说得很高兴，我猜一定是很久没有见到女儿了，抑或是很久没有单独与女儿在一起，便格外珍惜这样的机会。

期间女儿接了一些电话，竭力抑制着情绪，保持着心平气和，却又与人在争论些什么，听上去像是工作中的不愉快。女儿挂了电话，母亲又开始继续讲。母亲的话显然并没有停下的意思，平缓而迫切地说，翻来覆去地说，并竭尽全力地想在短暂的彼此相处的空间里说完想说的话。而女儿其实一直都很焦躁。在二十多分钟的车程里，除了听到女儿接了几个电话，我没有听到她有任何对谈，坐在她的前座，可以清楚地感受到她"啧啧"的语气中充满了不耐烦。

终于……

女儿终于说话了，她的声音很响亮，她对母亲吼着："你这些事跟我讲了无数次了好不好！每次都是那么几件事，烦死了！"所有的人都把头转向了身后，就连公交车也使劲地震了一下。

女儿拎起包，匆匆来到了等候区，她没有回头，在下一站独自一人跑下了车。女儿的年纪应该与我一般大，她的神情有点疲惫，她下车的时候，皱着眉，怒气冲冲地走出车门。我没有看到母亲跟着，那一刻，她们早已在那一声责备中划清了界限。

这之后一直到我下车，我都不敢回头去看看这个母亲的脸，可我坐在她的前面，可以明显感到，她的呼吸有点急促，伴随着些许擤鼻涕的声音。这个老人可能在哭，我不知道素日这对母女的关系如何，但此刻，她俨然就像是一个被人丢弃在路边的孩子。

这不是我第一次看到这样的场景，也不是我第一次感觉到一种手足无措和被深深刺痛的感觉。我的手足无措，来自于面对这个母亲，我不知道是该去安慰她还是假装不声不响。她显然是需要安慰的，没有一种眼泪比老泪纵横更让人难过，可是我又该怎么安慰，每一个父母眼中的女儿都是容不得别人用任何话语冒犯的，而你知晓了她们的秘密，也未必正合时宜。至于那种深深刺痛感，是因为女儿早已在成长的路上凌驾在了母亲身上，她的情绪可以随意宣泄在她的母亲身上，哪怕这些情绪的来源或许并不来自于她的母亲。

我想起一句话：我们总是喜欢把最坏的情绪留给最爱我们也最亲近的人。

父母，我不想说父母于我们究竟有多伟大之类的话，我也不敢肯定地说天下每一个父母都是称职的。但大多数人的父母都是拼尽一切让子女拥有他们所认为的最好的世界。

为人子女的时候，是不懂"父母只有你"的这样一种依赖，是不懂得当父母的无私与默默付出，就像龙应台的一篇文章中曾表达的"即使你平庸，父母也未必失望"。而只有年岁增长之后，才知晓，那些我们以为他们所有对我们的成长的不尊重的做法，是因为他们过度放大了他们理解中的社会的不堪，所以拼命希望我们成为足够强大的人，成为他们所认为的强大的人，来抵御这个世界或许会袭来的枪林弹雨。他们对我们的依赖随着他们的老去是在与日俱增的，有些时候，他们不停地用他们的方式来引起我们的关注，而我们也该知道，他们的迎合是对自己的未来的不自信，也是对我们的不确定。

说说我自己，我也正扮演着一个女儿的角色。从小到大，我都没有长时间离开父母，换言之，我从来没有离开过这座城市，连唯一能够去远方读大学的机会也在选择本地的一所学校后错过，工作也是如此。所以，我与父母的相处时间非常长。

总的来说，我与父母的关系非常不错，至少在出嫁之前，我一直保持着晚饭过后与父母在街上散步的习惯，一般是我与母亲先出门，然后约定在某个地点，与父亲汇合。但这并不能否认，我也时常在家里有着激烈的情绪，或许，没有让父母在大庭广众之下难堪，但偶尔母亲也会为了我某句话湿了眼眶。

三年前，有一段时间，因为工作，我的情绪非常不稳定。现在想来，也不是天大的事，可当时一度觉得人生灰暗到底，甚至萌生了环游地球的想法——环游地球，就是逃避现实。

我记得那时，我在家吃饭是不容许父母与我说一句话的，父亲母亲本来在桌面上总要讲一些事，为了顾及我的感受，也尽量少说话。而我呢，还是稍微不顺意，就摔下碗，跑进房间里，一个人生闷气。是因为工作压力太大，大到自己已经无法稀释自己的情感，而又不敢和盘托出自己的情绪，怕父母担心。后来，母亲说，那一段时间，真的很害怕我过不去。而父亲也说，母亲夜里常常落泪。

母亲在我心情还算平和的时候，试图与我讲一些好玩的事，她甚至天天给我买我最喜欢吃的车厘子。那个爱在摊前为了三四毛钱讨价还价的母亲，却天天给我买 98 元一斤的车厘子。可我依旧一边吃，一边不理不睬。

度过那段灰暗时光的方法，无非是领导的安慰与认可，朋友用许多自己经历的事实告诉我真的没什么，时间也起着很大的作用，那些人与事的压力在日子中也渐渐淡去。

事情过去后，我知道自己的态度不好，并与父母说"对不起"。父母却假装没事人一样，笑笑说"怎么了，什么也没发生啊"。

若干年后，父亲与我说：其实，我们也很想知道，到底发生了什么。我一五一十地告诉父亲，父亲如释重负地笑笑，他用了一句很时髦的话，"那些你认为过不去的事终于可以笑着说出来了"。

那一刻，我才了解到，自己是因为和父母熟悉，才敢随意暴露自己的情绪，可我却忘了，他们希望知道的不是我的情绪，而是这情绪背后的真相。

这些年，随着父亲逐渐老去，而自己也为人母亲，脾气收敛了许多。

以前我非常介意我的父亲在我写作的时候，突然闯进来叫我帮他打一些字，父亲电脑技术不熟练，因为一些工作需要打字，所以由我代劳。而我的态度也真的非常不好，常常是"等下，等下，没看到我在写字吗"之类的，然后把父亲打发出去。而现在，如果不是非常着急的稿子，我都会停下来，帮父亲先做完他需要的事，然后继续写。

我母亲记忆力非常差，好像是越来越差，她总是会把许多事记错，比如她至今记不清楚我的硕士专业是在哪个学校完成的。我以前也会抬高分贝，纠正她的错误，偶尔还会补一句"这记性，难保以后不会得失忆?"我这句话是开玩笑的，母亲也笑。可有一次，当我看到她与我亲戚说起这件事，想不起我的学校，竟像个考试前突然忘记了复习功课的孩子，一脸的紧张难过。那一次，我才意识到，母亲真的老了。

我们为什么不能与父母好好说话，为什么要把最坏的情绪给父母，为什么口无遮拦地发泄自己的情绪，或是用沉默不语回应他们的关心和爱护，却忘记了他们真的没有义务来接受你所有的情绪。我们偌大的包容心都给了别人，却把剩余的苛责留给了父母。

　　父母是我们永远的港湾，而我们也该是父母永远的依靠，慢一点与小心一点，节制一点与忍耐一点。我们要像个大人一样，学会轻声细语地对待父母，学会慢慢让父母获得你给的美好，学会让他们获得他们曾给过你的爱。因为他们的时间有限，因为你与他们相处的时间有限，也因为，他们在老去，你在长大，保护与被保护的角色需要慢慢替换，慢慢接力，然后细水长流。

我们最不能放弃的，是平凡的幸福

《无声告白》是我在 2015 年的时候读过的一部小说。

书的封面有一句话："我们终此一生，就是要摆脱他人的期待，找到真正的自己。"

故事主人公是一个死在青春里的姑娘，莉迪亚。一直到她死亡，她的父亲和母亲才慢慢意识到，或许自己强加于女儿身上的，是他们对未来的所有希望。她的母亲曾经多么希望她成为一位优秀的女医生，并嫁给一个哈佛毕业生，可她最后成为的却是一个出入于厨房的最平凡的妇女。他的父亲曾经多么想让她融入主流社会，可他却发现他哪怕娶了一个美国妻子也并不能实现他的梦想。而这两个梦想，最后交织在了莉迪亚——他们最爱的女儿身上。莉迪亚听话而努力，她像是一头被父母扼住咽喉的小兽，拼命地打开命运的枷锁，渴望获得成功和自由，可她发现自己越是努力，这个戴在她身上的项圈却越紧。然后，她放弃了，放弃了不平凡的追求，成全了自己的自由，而一个家庭支离破碎了。

在抽丝剥茧中，我只读到了一个真相：这一生奔跑的路上，或许有着许多功成名就的诱惑，可我们最不能放弃的，就是平凡的幸福。

一年前，我的一个朋友辞去了她的工作。那一天，她在朋友圈里只说了两个字"回归"。那一天，是她40岁的生日。

在我眼中，她是一个有事业心的姑娘。她说话很利索，介绍产品的时候口若悬河。记得我实习的时候，带我的师父看到她踩着高跟鞋来谈业务，一般都会让我坐在身边，用师父的话说"你可以感受到一个真正销售精英"的风采，当然，我是插不上一句话的，她12厘米的高跟鞋，让她整条腿都支了起来，可是根本看不出有任何不合适。后来，她和我说，她每天回家都会摔掉高跟鞋，它像是一种战斗的状态绑在身上，你必须永远向前冲，这种状态几乎快榨干了她身上的精力。她的工作效率一直被我实习单位的老板赞赏，其实，老板多次想把她挖过来都没有成功。但我知道，因为工作上的合作关系，我们单位的邮箱里经常躺着的她的邮件，时常是晚上12点，有时是凌晨4点，一般谈完项目的那个晚上，她就可以拟好合同。而你的邮件，她一般在4个小时内，都能够准时回复。

"你知道吗？我工作的那些年，几乎三分之二的日子，女儿是见不到我的。我回家的时候，她已经睡着了；我离开的时候，她还睡着。她不会叫我妈妈，她时常对着外婆叫'妈妈'，没有什么比女儿不认识妈妈还讽刺；我没有去参加过女儿的家长会，因为太忙了，幼儿园的老师也不知道我是她母亲，我的名字永远只停留在她的家校联系卡上；还有我的父母，我与他们吃饭的时间，真的屈指可数；我工作之后，就没有再与他们一同牵手散过步；我给他们买过昂贵的新衣，可我不知道他们喜欢的颜色，然后错了再错。"

那一天，我去 H 城的时候，她约我喝茶，和我说了上面这番话。我看到她摇着咖啡，俨然已经不再是当年那个叱咤商场的风风火火的女人，你依然可以看出她的精干，那种随时都可以把事做得井井有条的气质，但多了一份来自家庭的温和和从容，她说："你可能会认为，是不是我赚了足够多的钱，才会有这样的退出。我觉得自己的退出，更像是一种弥补，弥补自己，也弥补家人，弥补这些年自己缺席的幸福。"

她抱歉地笑了笑，然后摇了摇头。

我这一生最幸运的是，从小生活在永远没有压力和束缚的环境中，没有吃过物质的苦，尝尽了父母的善良和温顺，他们有一个朴素的定律是：高兴就好。

所以，在我的眼中，所有幸福的表现形式就显得简单而直接。

比如，出嫁前，我会在每个回家吃完饭的晚上，陪父母散步一个小时。其实，我极其迷恋这样一种与父母相处的形式。和父母散步，你会有一种很奇特的体验：比如有些时候，你会回到孩子的身份，恋恋不舍地看着那些年一路吃过的 6 元钱的大鸡腿，兑水的可乐还有永远会吃得满嘴都是的棉花糖，而身边的父母还是原来的那对，永远都说着"好"的父母。然后，在你掏钱的时候，你又觉得自己是一个大人了，不再需要为了钱思前顾后，也可以给父母随手买一份，哪怕最后，他们看着说"不用"。

　　我刚工作的时候，单位是在一个乡镇，乡镇公交不发达，我又还没买车，于是，单位的领导说，工作忙的时候，可以睡在单位里。我和他说："无论多晚，我都得回家，陪父母。"我猜，那时领导可能下意识会觉得，这是我冠冕堂皇的推脱。

　　可这并不影响我的工作，以及与领导的相处。我和前一个单位的领导和同事，至今保持着联系。工作忙的时候，我时常会把上班时间提前到早上6点，却很少晚上加班。而他们也知道，我晚上的习惯，是与父母一起吃晚饭、散步。晚餐偶有应酬时，会事先征得我的同意，并且从不勉强。

　　刚有孩子的一段时间，我又因为刚换了工作，许多事还没走上正轨，家里有了一个小生命，忙得焦头烂额，于是，很长一段时间没有回家吃饭。有一天，母亲给我打电话，问我第二天能不能回家吃饭。

　　我才发现，自己真的忽略他们太久了。

　　那天回家的时候，她做了15道菜，在小小的桌上叠得很高很高。母亲用打着皱纹的脸望着我，眼睛忽然就红了，她问我今晚的菜爱吃吗？老实说，母亲的做菜水平还是很糟糕，她的酱油永远控制不住地往所有菜里倒，可就在她落泪的那一刻，我点了点头。

　　一直到现在，我都保持着一个习惯，是无论工作多忙，每周有两天回家吃饭，每个周末与他们小聚。母亲会在家门口等我，下雨的时候，就撑着伞，日头大的时候，就躲在大树下，笑嘻嘻地，像个孩子。

　　张小娴有一句话："后来，我才知道，我们努力追求不平凡，到头来，却会失去许多平凡女人的幸福。"

　　其实，生活于我们许多人，都是一样的。我们走路的时候，要有梦想远方的勇气，也要有回望的温暖，比如，有没有丢失曾经的自己，以及最平凡的幸福。毕竟，从生到死，时间那么短暂，未来需要时间，而平凡的幸福也需要时间。

我始终相信好心有好报

　　每年春节的时候，家里总是热闹的，来来往往很多亲眷，他们大多是来看望我爷爷奶奶的。而此时，我觉得爷爷奶奶是高兴的，自带光芒地端坐在家里的客厅中，显得底气十足。

　　其实，从我出生开始，在我的印象中，逢年过节，家里都有数不清的聚餐，而那些亲戚，对我们来说，都是远道而来的客人。他们自觉默契地环绕在爷爷奶奶身边，俗气地讲，就是那种星球绕着太阳，自始至终紧紧相依。

　　或许在别人眼中，爷爷奶奶的存在就是沧海一粟，一生没有什么轰轰烈烈的成就，也没有什么值得歌颂的事。爷爷从前是个小生意人，奶奶是街道企业的工人，许多年来，他们都住在并不大的房子里，过着最普通人的生活——有了温饱的物质，然后抚养孩子，让孩子完成嫁娶，最后退休养老。可在我眼中，他们却是成功的，这个成功是青年时善待每一个人，暮年时被每一个人善待。

　　我爷爷是嵊州人，据说老家的堂内挂着"宝树堂"的牌匾，应该是谢氏之后。爷爷是不屑于对外人说这些的，他不喜欢攀附，我也是到 20 岁的时候才知道这些。爷爷 10 岁的时候，举家到了余姚，再后来，辗转到绍兴，拜师学生意，娶了我奶奶。

爷爷奶奶早年的日子节衣缩食，一部分原因来自于当时并不宽裕的条件，一部分来自于他们的待客之道。

因为当时的一些历史原因，爷爷的长兄很早就过世了，大嫂呢，吓得逃到了上海，隐姓埋名，给人家当保姆，一直到六十多岁，才回余姚安度晚年。爷爷二话没说，把长兄的一双儿女接到了绍兴，在生活并不宽裕的当时，侄女、侄子和我父亲、姑姑平分了我爷爷奶奶所有的爱。那个时候，所有的一切都是要靠票子完成的，可他俩保留着他们最朴素的爱子之心，省吃俭用，除了拉扯自己的孩子之外，也完成了侄子侄女的教育、结婚娶妻。

其实，我爷爷是个脾气很暴躁的人，暴躁到生气的时候，会把自己的碗一把摔碎。但这并不妨碍他待人充满耐心，全心全意对别人。他愿意为奶奶煎两个小时的药一刻也不离开；也愿意跛着痛风未痊愈的腿走很远的路为摔断腿的邻居老朋友买菜；给乞丐的饭中，还会多添两块肉；有些时候有人问路，若是路近，他就带着他们去目的地。

我一直觉得，在他们身上我可以看到一种最原始的朴实，是历经世事依旧可以对生活保持绝对的善良，他们未必从做善事的那一刻起，就认为自己的好心一定要有好报，但他们愿意把最温暖的一面留给每一个熟悉的和不熟悉的人，他们发自内心地对这个世界温柔。

我的奶奶也是农村出身，生长在上虞的盖北镇，她成了她所有兄弟姐妹中唯一一个走出农村的人。她的弟媳在世时常说一句话"来生我也要到城里去，像姐一样"。她说的"姐"就是我奶奶。现在，因为交通发达，从家乡到S市也不过是区区一个多小时的车程。而这些年，家乡产业经济的发展，丝毫不输于任何一块枝繁叶茂的地方。可是，我父亲记得他小的时候，每次从家乡回S城，都不得不在早上四点半起床，走上四个小时到达河埠头，然后再坐船到S城。

我奶奶幼年过得很苦，吃糠之类的艰苦桥段就不说了。一直到她离开农村前，都生活得很苦。到城市之后，她的一些农村亲戚经常到城里来，有一些是来卖蔬菜的，有一些是来卖葡萄的，中饭自然是要在奶奶这里解决了。我姑姑常说，幼年最难过的事是，刚烧完饭，亲眷就来了，于是就知道这一顿饭又得打折扣了。每次等奶奶给亲戚们盛完饭，轮到他们就没多少了。都是长个的年纪，唯一能填饱肚子的就是米饭了，面对子女的质问，奶奶总是略带歉意地说，"以后条件好了，给你们吃好吃的"。

不得不说，奶奶待她的几个小辈也极好，他这些小辈也都很争气，成年后曾经在上海混得风生水起，现在回到了家乡，包了几十亩地，做起了农业生产行业。可当时，也是最清苦的农家子弟——从家乡赤着脚挑担到S城卖蔬菜，十多岁去外面做工，赚了钱舍不得花钱，但还给奶奶买一些小礼物。

旧时，奶奶总把买来的蛋分成两份，一半留给自己的孩子，一半留给他们。到现在，他们每每来探望奶奶的时候，奶奶依旧会做一些他们幼年时爱吃的菜，饭菜一一上桌时，大家仍会觉得热泪盈眶。

你们或许要问，亲眷来的频率到底有多频繁？至少一星期三批。可爷爷奶奶就这样，不厌其烦地让家里成为他们的食堂，一直到 20 世纪 90 年代。

　　我并不否认这个世界真的存在一些所谓的"神奇"的亲戚，他们或许不厌其烦地只知索取而不知回报，但我一直觉得，这个世界，你怎么对待它，它就怎么回报你，生活那么长，你又何苦要急于立刻回报呢！我小时候是一个很胆小又羞涩的人，时常别人对我打招呼，我还躲在家长身后不理不睬羞红了脸，但后来，我渐渐开朗并愿意与这个世界深情地对话，大多数原因是在我爷爷奶奶的身上，看到了一个真理——"好心有好报"。

　　其实这些年，爷爷奶奶得到了他们早年付出的还算温暖的回报。不孤独，生病的时候有人看望有人陪；不寂寞，时不时来一些兄弟姐妹和小辈，带的礼物倒真的不是最重要的，那份时刻挂念的心，让两老格外高兴；庆寿那一年，还未定日期，所有亲戚接二连三地打来电话询问祝寿时间，并表示一定来参加。许多时候，暮年时的被人牵挂或许比壮年时的万人追捧更让人倍感欣慰，而我也可以清晰地感觉到，他们做事有条不紊，也从不恐慌些什么，这来源于他们的一种底气——谁都不会离开他们。

　　现在，我时常回家去看他们两老。两老总是躺在藤椅上，把电视机开到最响，然后又高兴地争执些什么。最近，两老收养了一只流浪猫，猫儿越来越肥，渐渐有了家猫的温顺，倒是成为他们日常的宠爱。你看到他们，就忽然有一种感觉：曾温柔对待，也终被温柔对待。岁月静好，缓缓而至的日子里，不慌不忙地前行，是之前所有序幕的继续。

　　最后，谨把这句话献给每一位相信"好心有好报"的人：在忽冷忽热的世界里，成为一个好人，用自己的光芒温暖自己。

去见你想见的人，趁还活着

大学毕业的前一天早上，我接到了一个朋友的电话。那是夏天七点的清晨，我和所有尘埃落定又格外怠懒的毕业生一样，懒懒地躺在床上做着稀奇古怪的梦，铃声响起的那一刻，脑子依然真空。

"我想见你，在你楼下了。"S说得很平静，毕业季里，化解所有伤感过后就是一种理所当然的平静。

我几乎是一跃而起，回复他："等我两分钟。"

这个朋友是我大一时认识的，来自于我们参加的同一个社团。在社团的那段时间，我们去了很多地方，爬了很多山，参加了很多比赛，也在比赛里拿到过最后一名。我们像兄弟一样在比赛前的夜晚窝在图书馆抄各种笔记，一直到图书馆关门，然后去校门后垃圾街吃烧烤；比赛失败的时候，我们一起和指导老师认错；比赛赢了的时候，就拿着100元奖金去吃附近最好吃的麻辣烫，喝最烈的酒。那一年，是我们短暂而疯狂的20岁。

大一过后，我们离开了社团。人来人往中，渐渐忘掉了彼此。人与人就是那么奇怪，许多时候的分开，并不需要轰轰烈烈的仪式，只要不再联系，你们就无处可回。很长一段时间，我都只是在某时某刻想起他，却从来没有拨通过他的号码。

见了面，他说："你不要误解。这些天，我一直觉得有一件事没有完成，就是我们的合影。所以我从天黑等到了天亮，一定要来见你。"他还真是个文艺男青年，文绉绉，配合着毕业季随处可碰的伤感，一瞬间情绪无处可藏。"两三年过去了，我们都不再是原来的样子，可能下一次见到你，你已经成为别人的妻子。所以……"他继续说。

他掏出手机，我们假装笑得很欢，转身的时候，都已经落泪了。后来，我结婚前，邀请他参加我的婚礼，正值他最忙碌的时间，他发来我们大学时代的照片问我是否记得他当年的话，再次联系时，我真的成了人妻，还好那一次有了留影，也算不再遗憾。

是，人这一生，总要懂得不留遗憾，去做你想做的事，见你想见的人，不枉费所有的遇见，去珍惜所有的念想，怀念与相见，慢慢沉留。而其实，友情、爱情，都是如此。

我为什么一直会去见想见的人？是因为这些年来，我越来越觉得人与人真的很容易就走散。我们都是行进在路上的人，身边随时会挤进来许多人，而此时，如果不去偶尔拉一拉从前朋友们的手，他们就会被冲散在茫茫人海中，变成你找也找不回来的曾经。

我最最遗憾的是，若干年前，我一个亲戚的去世，而我没有能见她最后一面。那一年，她66岁，离她希望的70岁差了4岁。她是我的一个远亲，在她去世前的两三个月里，我经常在梦里见到她。

在我印象中，她是一个很瘦小的农村女人，清秀，沉默，又自卑。人多的时候，她的眼神总是下垂着，低着头，露出涩涩的笑容。虽然多年前因为她儿子的去世让她精神抑郁，但大多数时候她是清醒的。我永远记得我去农村时，她会给我泡糖水，把并不干净的一次性杯子，冲了又冲，一边冲，一边说着"不好意思，这个，很久没用了"；她会拎着篮子去菜地里割菜，家里的地都是她种的。平时，她每天都很早起床去种地，种完地去邻村的地方打小工，工资是 100 元一天，然后高高兴兴地回家。我们每次回城里，她都会用麻袋装满小菜，塞到我们的后备厢里，然后转身离开。她也会偶尔在水盆边洗着衣服，与母亲唠嗑说下辈子一定要去城里，不要再在这个农村待着了。她特别喜欢城市，对于农村的许多老人来说，人生最幸福的事，就是能够去外面看看。

有一段时间，她时常来城里看病、配药，有时我不在家，在家的时候，也顶多与她打个招呼。她很少说话，有时几乎感受不到她的存在，她吃饭的时候，便把头埋在碗里，一问一答，露出客套的笑容。

老实说，我很想回农村去看她。但是，于我父亲以及祖辈这些很早离开农村的人来说，每次回农村除了过年就是有喜事丧事，平时几乎很少回去。而于我，这个偶尔回去，实在也找不到理由。

就这样，她偶尔浮现在我的脑海中，我心想着，也许不过是因为想念而已。

一直到一个晚上，我刚到家，没有见到父亲，母亲告诉我，舅婆喝了农药，过世了。父亲已经赶去奔丧。怀着身孕的我，大哭了一场。

哭是伤身，可哭也无济于事，因为这个遗憾，或许就这样成了我永久的遗憾。时间给了我机会，我却浪费了时间。

那一次，我忽然明白了一个道理：许多时候，我们总是来不及告别，就真的告别了；许多时候，我们以为今生今世总是有机会见面的，就再也不见了；许多时候，我们记起了太多的人，却只是记得而已。

可我们却忘了：意外和明天，永远不知道哪个先到来。

这些年，我们真的走失了太多原本可以偶尔互诉衷肠的朋友。我们在记得对方的时候，常常觉得自己无话可说而放下原本可以拿起的手机。可是，你会不会觉得若是某天，自己接到那个好久不见的朋友的电话，也依旧可以记起你们从前那段或许温暖或许冷酷却最后化为温柔的日子。

刚刚给一个很久之前，久到还是小学时代培训班认识的朋友打了个电话，电话是她母亲接的。庆幸多年过后，他们的座机依旧没换，她的母亲告诉我她的电话。当她接起电话的那一刻，我听到她惊讶的叫声。她说："你相不相信，这些年我也一直在找你，可是你家的号码我找不到了。"我没有告诉她，我昨天晚上也梦到她了，只是我比较喜欢付诸实践。而我相信她的想念，知道她也是那个哪怕想念也只是想想的人。我们聊了很久，挂电话的时候，她说："过年我回 S 城，记得等我，老地方见。"她说的老地方，是我们从前培训班下课的时候常常去的小巷，如今早已物是人非。一时间，忽然觉得那对可以一起走，一起说梦想的小姑娘还在，真真切切地被捡回来了。

　　我一直很喜欢三毛的一句话："有些人走了就再也没有回来过，所以等待和犹豫是这个世界上最无情的杀手。"而我们常常扮演这样的杀手，在时光中，埋葬了许多情谊，若干年后只剩下无尽的哀思。

　　见你想见的人，如果可以的话，不要常常遗忘，因为时间这个出口，最后是属于那些不愿留遗憾的人。感情岁月不辜负，愿与你们共勉。

你是我丢了两次的爱人

　　你没有看我，不停地摆弄着打火机，火苗一窜一窜的，你焦虑得忘记了动作。

　　就在刚刚，你说你请了五个小时的假，让我给个答案就好。你说得干脆，一副视死如归的样子，而我就像是那个屠夫，屠刀在手。

　　你走失了三年，又出现在我的面前。

　　这一天，你故意买了市面上能够买到的最长尺寸的烟，夹在你的拇指和食指间，一直烧到最后一截，你也舍不得扔掉。可是，就这样，还是一根一根地烧到了最后一根烟。

　　过去很像是一场葬礼，我们披麻戴孝地沉默着，就算下一刻就会葬身火海，许多往事依旧那么轻盈地浮现在脑中，且并不随风而去。

　　你走下火车的前一刻，好多次，我都想逃走。车站的站牌闪烁着你到达的列车号，好像在提醒我。我那么害怕见到你，害怕多年之后见面的尴尬，或许在见到的那一刻，除了"你好"，只有笑笑。

我低着头看地上，这个夏天很奇怪，一边呼啦啦地吹着热风，一边却下雨了。配合着我们即将到来的情绪。

"老陈。"我看着你，从前，我也是这样叫你的。

你说："你把我叫老陈，老了以后该怎么称呼？"

我摇摇头。

你说，老了真可怕，可能就见不到了。你说得认真，一边说，一边看着窗外。这样的桥段在中学校园太多了，发自肺腑地装腔作势，可也是真心实意。

其实，我和你已经变得陌生，陌生得只记得彼此的名字；可我们却很熟悉，面对着彼此，慢慢扒开对方记忆角落里的洞穴，然后说，你看，不都还在吗？

18岁那年，我们坐在方方正正的教室内。我坐在你的前面，你很少说话。你的小平头，就像是身上的刺猬，一根根地朝着天上，不容许人靠近，脸上的小胡子也是，你笑的时候咧嘴，却没有情绪，若干年后，我才知道，你是因为自卑才如此。自卑的人，看起来更强大，因为那是要填补心中的虚弱。

有些人就是会天生自卑，就像是有些人天生乐观。你和我有很大的反差。你第一次偷偷给我放草莓棒棒糖，却不敢告诉我是你放的。你说，你觉得自己长得特别吓人，所以怕被我拒绝；你还说，你只是理所当然地认为我喜欢有草莓味的任何东西。我很少吃糖，我也确实是外貌党，可我有女孩子的虚荣心。那一天，我走到你身边和你说"谢谢"，你没有作声，掸了掸头上的空气，咧开了嘴。

　　十八九岁，一不小心，我有了初恋。初恋开始得不早不晚，印象中是个秋天，那个男孩子说，那我们在一起吧。我点点头。年轻真是随便，所以也很少天长地久。他开始送我酸奶，给我买早饭，在下了体育课后，跑很远的路，买一块巨大的菠萝，趁老师转身写粉笔字的时候，跳到我身边拿给我。在周日的时候，又偷偷买大鸡腿塞进我的抽屉。于是，你给我的棒棒糖终于被挤在了抽屉的最角落，委屈地躲在书下。

　　有一天夜自习下课，我转过身和你说："你不要再给我买棒棒糖了。"

　　你说："这是我的事啊。"你看着我，凶神恶煞的样子。我没有说话，心里说着"随便你"。

　　你还是没有停止送棒棒糖，我没有再吃，就这样越堆越多。你没有再看我，见面的时候，低着头，假装没有看到我。

　　我和那个男孩子的初恋最终没有挨过一年。初恋就是这样，开始得莫名其妙，但结束得顺理成章。毕业之后的暑假，他给我送完最后一顿早饭，说："我好像不喜欢你了，我们可能分开会好一些。"

　　我看着他骑着自行车飞快地逃走，车轮歪歪扭扭地躺在地上，印痕写了一地的"不必追"。你离开 S 城后的第一个冬天，你打电话问我和那个男孩子的情况。我说，我也不知道，但是，有一个结果是分手了。

　　你说："分手了也好。我觉得他没有我爱你。"你在电话里笑，隔着千山万水，结结巴巴地说了一句你从来没有说过的话。

　　我觉得那一刻的自己，特别像被爱情遗忘到海底多年的孩子，终于，有一个人愿意拉一拉我的手，说，上岸吧。而那个人，是你。说真的，那时我才觉得自己好像真的爱过你。

你看了看表，终于点燃了最后一根烟。打火机的火苗蹿了起来，形成巨大的火炬。你吸了一口气，然后靠在了车站的窗口。夏天的风吹得绵密，我站在原地，看着你的背影。男人的赘肉绑在你的身上，岁月像是年轮，一圈圈让你长大，也让你生机盎然。

我还是不想说出答案，虽然已经有了结果。于是，我转身离开。

很多年前，你说，你常常这样看我的背影。

那时有一辆公交车从学校开到我家，再开到你家。你常常坐在我的身后，默不作声。那些年，我的头发多而且长。每个周末回家时都已经蓬头垢面了。头发散在车的后背，也常常落在你靠在椅背的手上。你不动，时常四五十分钟都一动不动，像个木头人待在我的身后。还好，我不讨厌你，我们像是彼此默认了一般，我配合你的无礼，你也耍你的小性子。

一直到最后一次，你回 S 城的暑假，你还是喜欢保持这个姿势。我回头的时候，你也不动。

我们的感情在一千多公里的时空里，待了整整两年。在 24 小时里，我们只有那么两分钟是属于爱情的，并且隔着电波。部队是个神秘又不能言说的地方，你我能拥有儿女情长，往矫情些说，还得感谢这个和平年代。

可是，其余的 23 小时 58 分呢。我做着自己该做的事，读书、睡觉、写字、吃饭，一件一件地做，井井有条又不断重复。

一天真的不长，可对于异地恋，却长得好像一辈子。

你总是不温不火，有的没地说着。我也恨我自己，想了一天的情话，却说得颠三倒四，最后常常成了"今天我吃了什么，上了什么课"。对于两个不能相见的人，情话伤身，不如放生。

我记得有一天你突然喝醉了酒，抱着电话大哭，说着"我真的很想和你在一起"。你说了很多遍，我的喉咙被你的咆哮堵住了，很想告诉你，快躲到我的身边。可是，只有眼泪掉了一地。

两分钟到了，你后面的人好像在拖拽你，你抱着电话说："再让我说一句。"

第二天，你说："抱歉，昨天吓到你了，我是不是真的喝多了。"你一定在咧着嘴笑，像从前你坐在我身后时我回头看到的样子一样。

火苗吞着长长的烟，一截一截。你焦虑地找身上的零钱。你还是没在我身上找到答案，一脸失望的样子。你快走了，你说："我要了答案就走。"你又吸了一口烟，后来我知道，那是你第一次抽烟，因为太紧张了，你需要把这样的情绪一口一口地吐干净。

三年前，我们的分手，是因为我的父亲。父亲不同意我的这一段"异地恋"，就这么简单。然后，他用一种近乎粗暴的方式，亲手砍断了我们的恋爱。他给你打了电话，说："你要是真的爱她，就离开她。"我不知道电话那头你在说什么，但父亲很满意。父亲回头跟我说："他同意了。"

一直到后来，父亲才说出你当时的话，前半句是"我答应你"，后半句是"但若干年后，我会回来找她"。

可我当时并不知道实情。那一夜，我觉得自己像是睡在雪地里的孩子，雪花落了很久，蓬松而轻盈，盖在我的身上，然后融化。不觉得冷，是因为没有了暖意。很多年后，才慢慢有了温度。

在你离开的一年后，有一个男孩子追了我很久。我觉得我一生都会内疚，因为辜负了他。

他长得像你。这件事，你知道，他也知道。

我和他说："你长得很像我一个同学。"他很聪明，知道我在说什么，然后搂了搂我的肩，说："那我们就是老朋友了。"

离开你之后，我也曾经想过和他在一起。谁也不知道下一刻会发生什么，等一个人，不如和当下的那个人在一起更实在些。我觉得，一生幸运，无非是在爱与被爱中都碰到了好人。每次，有人送他好吃的干果零食，他都舍不得吃，然后用袋子装好，下班后，骑着车拿到我家门口；他还常常给我买各式各样的衣服，看到好看的衣服就送给我，我折了现金还给他，他常常生气，觉得我太陌生。

后来，我终于忍不住和他说："我不能和你在一起，因为梦里常常梦见他。"而那个他，就是你。

他说："没关系，我可以忍受，因为现在在你身边的人，是我啊。"

我摇摇头，跟他冷战，一直冷战到了他离开我为止。

他离开之后，我觉得自己也并不好过，小城市的 25 岁，就像一道坎，越过去了，就真的成了"大龄剩女"。我终于被父母丢进了婚姻的市场里，像是秤砣上的小动物，挂在上面，明码标价地交易。婚姻的门当户对，无非是一场彼此秤砣上的掂量，在同等的价码上，才可以一拍即合。我忘记自己见了多少人，只知道，到了最后，我根本记不得许多人的脸和他们的名字。

而就在这一年，你说，你回到了离我 60 公里的城市，从 1000 公里到 60 公里。可我并不觉得这是爱情喜报，我们过了那个可以恋爱到疯狂，也可以无所谓结婚的年纪，于是慎之又慎。

我和父母说起你，他们都沉默了。

我也想了许多天，百转千回之后，依旧相遇，且想在一起，是不是很难得。而我的父母开了无数次家庭会议，每天晚饭过后，父母和我，不停地商议这个话题，讨论的结果，一次次地在验证，一段七年的情谊，还有心，就继续有情吧。我从秤钩下走了下来，然后来接你。

你真的不必紧张。

其实，来接你之前，我把"屠刀"丢在家里了，父亲的"屠刀"也早就收起来了。他比我更清楚，他说，你终于还是回来了，就是个好汉。而我早就想清楚了，既然忘不掉你，就一辈子看着你吧。

烟真的快灭了，你又要走了。

"老陈，如果可以，那……我们……可以……试试。"我的答案早就有了，却吐得磕磕巴巴，生怕快一点，就会说错，也生怕不够清楚，你就会错了意。

你掐灭了烟头，用手掸了掸头上的空气，张开了手臂。我们钻出了彼此时间的洞穴，捧了满手的回忆，我们站在原地，像遇见时的距离，你和我咧了咧嘴，我扑向你，"老陈，多谢你的喜报啊"。

一个人也要好好过

"小愚，你知道这些年，我最大的进步是什么？"

前些日子，我去余清家，余清一边开着油烟机爆炒着锅里的青菜，一边露出"狡黠"的笑容地问我。

我说："是不是终于在这个城市有了自己的家？"刚装修好的房子好像还飘着甲醛的味道，虽然租的房子还没有退，但余清迫不及待地想要来新房做一次饭。而我拎着一大堆菜，像从前一样，活蹦乱跳地走进她的房子。

余清咧着嘴，熟练地把锅铲弄得叉叉作响，一把菜一勺盐，火烧得很旺，一直铺满着整个锅。像是 22 岁，我认识她那年，我们坐在那家小饭店里的时候，她总是会站在老板面前，看老板出锅，露出高兴的笑容。

我和余清是在 2008 年认识的。那一年，我大二，她大三。

那一年，学校背后的垃圾街，有一家没有店名、只有两张桌子的小饭店，每天都看到形形色色的学生挤着两张桌子，彼此陌生，却吃得津津有味。老板是一个做饭和爆炒技术很好的男人，他的脸上、手上，近看的时候，都可以看到油渍划过的伤痕。可我觉得，那一把菜一个蛋，还有串起火苗颠出的年糕，就是我最好的晚餐。

我一般会在晚上七点多的时候去吃晚餐。大学生活的晚餐从来是没有固定时间的，可以从下午四点半一直延续到晚上十点。而余清，就是我在那段时间偶然遇上的。

余清是一个引人注目的姑娘，其实，论五官，我觉得她实在谈不上精致，不高的鼻梁，嘴唇厚厚的，一双大眼睛下面总是耷拉着眼袋，身材虽然高挑，但是个平胸，整体还有点瘦。可不知道你们有没有发现，每一个让人印象深刻的姑娘，并不在于她有多美，而是她的身上有一种天生的令人瞩目感和辨识度，余清就是如此。

我吃菜叶不吃菜根，于是，在轮到炒我的那份时，我试着与老板商量："老板，我要菜叶，不要菜根。"老板嘀咕着："你不要菜根，谁吃你的菜根。"

隔着一个位置的余清，走了过来，站在老板身边，说道："老板，给我多一些菜根。我不要菜叶。"

我和她相视而笑。

那一晚，我们吃着最慢的晚餐，直到年糕都凉了，还没有吃完。

余清喜欢坐在图书馆靠窗的位置。她总是在图书馆读书，几乎天天去，她的书桌上，书叠得高高的，而她总是垂着脑袋看书。

余清不喜欢被人打扰，换言之，她不喜欢有熟人坐在她身边，甚至她的对面，每每此时，她总有发自内心的不自在。记得有一次，我坐在她对面的时候，她和我说："你坐在我对面，我好像分心了。"然后她捧起所有的书，换了一个座位。我一下蒙了，尴尬地坐在原地。

"小愚，那个，我不是因为讨厌你，你不要误会。"后来，我才知道，这仅仅是她心里的一个习惯，而在多年之后，我才了解，这是她性格中的一部分——喜欢孤独。

下了图书馆，我和她一起去吃饭，一路上她拉着我的衣服，一直说着抱歉。我搂了搂她的腰，说："没关系，真的。"

余清是有男朋友的。这是许多人感觉不到的，包括他们班上的同学，一直认为余清是单身。而余清也很少提起，只有在遇到有人表白的时候，会抱歉地说："不好意思，我有男朋友了。"

余清的男友叫 H，在北方读大学，平时的联系就是每天一个的电话，一般是下了图书馆，余清会拨通 H 的电话，有时是 H 打来的，时间不早不晚，然后天南海北地用家乡话聊天。我与余清认识之后，他来看过余清一次。给余清买了北方特有的保暖鞋和羽绒服，而那双鞋和那件羽绒服，余清穿过了整个冬天。

余清是那种很有目标感的人，周一到周五，泡图书馆，周末就接各种兼职。素日吃完晚饭，她就开始逛学校公告栏，看到合适的招聘，就打电话询问，然后在笔记本上把日程填满。她好像从来不会因为异地恋而苦恼，在她的身上，你可以看到有爱人的温暖和一个人的坚毅。

S 城是一座并不大的城市。那些年还没有撤县设区，两个县城之间的路程也不过是一个小时，周末的时候，她就不停地奔波着，坐一辆又一辆的公交车，打许多份工。她做过英语课程销售，也做过各种饮品的促销，她扮演过小蜜蜂发传单，也去售楼现场当过迎宾。

只有周日的晚上她是空闲的，而那一天，我们会去小吃街喝三元钱一杯的奶茶，吃三元钱一碗的炒年糕。

我问余清："凭你们家的条件，何必那么辛苦？"

余清说："只有自己赚来的钱，才感觉心安理得。"

余清用周一到周五的努力换来了奖学金，用周六周日的打工换来了零花钱，真的赚足了大学所有的生活费和其他的开销。而她也时常给 H 寄礼物，有时是咖啡，有时是 S 城的特产。

毕业之后，余清没有回老家。她觉得 S 城是她长大之后自我适应的唯——座城市，而回到她的故乡，她又需要漫长的适应期。

余清的求职不算很顺利。S 城的一些公司有天然的屏障，同等条件下，本地人优先，而普通院校毕业的不利条件也让余清很不舒服。可是，不舒服又怎样呢？生活的残酷就在于你厌恶不公平，可你又无可奈何。

终于在毕业的前夕，余清拿到了一个公司销售的入职通知书。薪水很低，前三个月，每个月 1500 元，转正后，有 1500 元加提成。我陪余清离校的时候，余清一直没有说话。

所有的人都乱作一团，然后各奔前程，向四面八方散去，告别之后，或许，真的就是告别了。可是，好像沉默的人，永远比那些发泄的人多，许多人都只笑笑，然后离开了。

　　我有一辆电瓶车，把她的行李一趟趟地从一个校区送到另一个校区的门口，然后带她去打车。在把最后一个行李带出来的时候，余清一头伸进一辆出租车里，哀求司机再多停留一会。那表情，带着请求，我从来没有看到过，可是又那么真实。我说："司机大哥，谢谢啊。"余清看着我，突然就哭了。

　　那一天，我才知道，H不会再来S城了，不会再给她打电话了，而除了她的父母，没有人再陪她说家乡话，聊很久的天了。

　　我和余清把东西放进出租房后，余清什么都没做，一个人躺在没有床单的席梦思上流泪，我默默坐在身边望着她。我知道我不会成为她，我也不能感同身受，虽然那时我和老陈也是异地，也不得不分开，但我想哭的时候，可以随时回家抱着我的母亲，抱着我的父亲。而她，真的只有一个人了。

　　夏天的空气让余清的头上开始不停地冒汗，余清不愿意让我擦，我就这样看着她的汗顺着头发一滴一滴往下落。"小愚，你走吧。"余清低声说着。我还是走了，虽然我真的很害怕她会在我走后做傻事。但我又不敢抗争，在她面前，我就是那个懦弱的小妹，唯命是从。

　　若干年后，余清告诉我，我走后，她就这样躺了一天一夜，整个人一边发抖一边流汗，没有饿意也没有困意。她觉得自己像极了一摊烂泥，根本就扶不起来。她也不知道自己是怎么起床的，迷迷糊糊间，她走进了洗手间。

　　夏天的洗手间，好像比任何时候都脏一点，生锈的水管、长年累月的渍迹、墙角的蜘蛛网，以及在地上爬着的各种叫不出名字的小虫，余清根本就不敢伸手去摸。那一刻，她突然醒了：要赶紧离开这里。

余清起床后的第一件事，是去学校附近吃一碗青菜炒年糕。坑坑洼洼的石子路，在每次下完雨后，都会让人觉得一脚高一脚低，附近的人都在说，由于城市创卫，学校后面的垃圾街已经成为重点整治对象。大叔给余清端上年糕的时候，说："小姑娘，我们这的临时帐篷要拆了，我们也可能要回老家了。"

余清点点头。

时光过去，果然是什么都会离开的。

还有，余清说，她也终于知道，该自己开火了。

大概一个月后，余清把我约到她家吃饭。她正式入职了，在城市的一座写字楼里，成了一位业务员。而从某种意义上讲，也是她属于这座城市的开始。

余清的房间也和从前不一样了，一个小小的书架，整齐地放着余清喜欢的张爱玲、余华的书，床上的被子簇新，两三幅油画弥补着曾经并不光洁的墙壁，厨房里锅碗瓢盆，一样不缺。

她一边准备食材，一边看着食谱，那一天，油渍满天飞，我们戴着帽子和口罩，手忙脚乱地下菜，放盐，着味精。最后的成品也不好看。

我们喝了很多的酒，吃了很多的菜，过去终于还是成了下酒菜。我们笑着说 H 那一年来 S 城的时候，总是会跑到门口打电话。余清说："你看，你以为一辈子的事，其实很多时候，分手都是蓄谋已久的。我那么好，他还是出轨了，所以我信了，再见一生一世。"

我突然知道了，其实毕业前的两三个月，余清就分手了。余清以为是因为距离，但距离是可以解决的。可后来，H 立刻牵起了另一个姑娘的手，而那个姑娘就是以前 H 口中的死党。

"你也别对爱情绝望啊。"

"谁对爱情绝望啊。我现在更加明白了一件事，无论你能和谁在一起，过好自己的日子才是最重要的。"

"你还有我啊。"我说。

"谁知道呢！"余清好像真的喝醉了，全然忘记了我的感受。"说不定哪一天你也走了。不过你放心，我做好了充足的准备，你走时和我说一声就成。"

余清的脸绯红绯红的，头发散落在床榻，笑得"哼哼"而不屑。

一开始，几乎每天，余清会加班到很晚。那年头流行短信，她常常在晚上十点多的时候，给我发信息。

"我刚加完班。在出租车上，车牌号××××。"

我说："知道了，等你到家我才睡。"

你或许会想问，那天她对我说的那一句话是不是伤害了我。可是，我真的没有很难过。尤其是多年之后，我甚至认为那是多么的妥帖。茫茫人海，终是一个人的归处，你来或不来，我在这里，打扮着自己的打扮，精致着自己的精致，就已经足够。

余清说："你是我在城市里最安全的归宿。"

三个月后，余清的脸上有了一种喜悦感。那些事业上略有成绩的女人，脸上总是自带光芒。她绾着高高的发髻来看我，她表情里的风尘仆仆啊，就这么和高跟鞋里的风尘仆仆一样扑面而来。她没有和那时大四的我谈工作，但她的眉飞色舞里，藏着许多人对她的赞美。

"小愚，我发现，努力工作，真的挺有安全感的。你开始有能力买自己曾经奢望的东西，而这一切都来源于你自己，感觉真的很奇妙。"余清和我说。

那一年，她回老家之前，带我去了一家我们 S 城价位很高的牛排馆，她第一次觉得自己有了点钱，不，可能是对城市以及未来有了希望吧。

毕业那年，我有了一份稳定的工作，朝九晚五，偶尔加班。在农村工作，每次转公交的地方离余清家很近，于是时常去她家吃饭。

余清和老板说，自己愿意早上到公司，并且在家里加班。言下之意是，她并不愿意再在公司里加班了。

我去她家的时候，我们总是会做一份青菜炒年糕。她吃完所有的菜根，我吃完所有的菜叶。我说过，她是个很有时间观念的人，做事井井有条。所以晚上七点半之前，我会离开她家，她也绝不挽留。

那一年开始，她每天早上七点上班早起两个小时的时间整理当天的工作，白天约客户，做方案，一刻不停。下午五点准时下班，把所有加班的资料带回家。回家之后，做饭、洗衣服、练瑜伽。晚上九点上工，十一点准时睡觉。

余清说她的业务成绩的时候，总是轻描淡写。两年的时间里，在 20 多个销售员中，她的成绩总是在前三。

2014 年，余清升为业务主管。她还是雷打不动地保持她的工作节奏，每天带很多资料回家，却从来不在公司里加班。她有时会工作到零点，但零点之后，再多的事，都会停下，她说，自己不能累倒啊，累倒了，损失的成本就会太大。

余清毕业后，谈过两个男朋友。

其中一个男生是和她有业务往来的其他公司的销售员，长得很高，虽然背脊略弯，但整个人看起来厚实可靠。不过我也说了，只不过是看起来厚实可靠而已。在余清答应与他在一起不久，突然发现，他也正和另一女孩交往。余清当时就退出了。脚踏两只船，谁也不是谁的备胎。余清斩钉截铁地说："哪怕他口口声声说那个女孩才是备胎，但是婚姻不是开车，需要你随时做好爆胎的准备。"

另一个男生比余清大两岁，在他俩几乎谈婚论嫁的时候，被男生的父母投了否决票。他的父母不能接受自己的媳妇是外地人，而男生很快就放弃了。那个男生抱着余清请求她的原谅。余清笑着说没关系，不被家长祝福的婚姻，真的不会太幸福吧。

余清和我说这两个男人的时候，都出奇的冷静。

我也在这些年忽然觉得，婚姻好像不是必需的事，而生活才是。余清还是那么好看，好像不再是引人注目那么简单，而是有了生活的光芒。

余清的新房是去年初买的，付了首付，一个人去买，一个人跑完了所有的手续。然后又一个人请了家装公司，做完了所有的装修。

记得有一天，我看到她徒手搬桌子，忽然心生痛感和敬意。痛感，是若干年后，生活终于把这个姑娘，铸造成了一个汉子；

而敬意，是一个人，她真的能够好好过。

　　余清把一盘一盘菜整整齐齐地出炉。我在她的身边，看着油烟中的这个姑娘，笑了。

　　"小愚，我有时与人谈起你，她们总是会羡慕你。有稳定的工作，有宠你的爱人，有健康的家人，有可爱的女儿，还有自己的一片小天地。"余清看着我，把锅铲得很响。

　　"可是，我终究不如你。"我把年糕一片一片切下，低着头说。"你是可以闯荡江湖的，而我可能是囿于河水的。"

　　余清晃着脑袋说："哈，也是也是。"

　　是啊，我们都是时间的孩子，从出生到死亡。这一生，我们会遇到很多人，看过很多风景，而最后陪伴的人，只有你自己。

　　没有谁是谁的谁。而你，才是你的你。

　　丛花盛开，花期有归。有许多人陪伴，你要好好过，而一个人，你更要好好过。

有一种拒绝叫"我很忙"

三个月前，Jucy 经人介绍，认识了一个人帅、肤白，工作又很棒的男人。

当晚，Jucy 就给我打了电话。那种喜悦，让我想到一个词"绝处逢生"。

"小愚，说真的，我第一次在相亲的时候，碰到了一个自己心动的男人。"透着电话，都可以觉得这个老女孩的少女心一阵一阵飞进耳朵。

Jucy 今年 30 岁了，长得端正，除了有点微胖，工作稳定，家境小康。从 27 岁相亲到现在，相了不下 50 个对象。用她的话说，到后来，每一次相亲，都觉得自己像是菜场里的白菜，等着被人挑选，顺便也看看对面的白菜合不合心意。

传说中的"审美相亲疲劳"就是如此吧，相亲的时候彬彬有礼，分开之后又相忘于江湖，再次想起，记不得是某年某日，甚至连名字都变得模糊。沈从文曾说过一句话："每一只船总要有个码头，每一只雀儿得有个巢。"或许，大部分女人都传统如

Jucy，就算再抵触相亲，也会想要个家。

以为到了这个年纪，自己喜欢的男人都该被女人抢光了吧。不料，还能碰到"一见钟情"的男人，显然，Jucy 觉得自己那么多年单身，只是为了等这个男人。Jucy 从心理上已经放下了女孩子的矜持，她决定，要轰轰烈烈追一场。

但这之后的一切，让 Jucy 始料未及：

"我们一起吃饭吧！""不好意思，我很忙！今天我们家有聚餐。"

"我们一起喝茶吧！""不好意思，我很忙！今天同事要一起玩。"

"我们一起看电影吧！""不好意思，我很忙！今天有约了。"

一次次的"我很忙"，像一盆盆冷水泼到了 Jucy 的心里。Jucy 说，后来的日子，她每次问的时候，都很怕他说出那句"我很忙"，就像是一颗终于被拉响的炸弹。

其实，我很想告诉她，那个男人根本不喜欢她。

但被爱情冲昏头脑的女人啊，常常是能够寻找出爱的蛛丝马迹，也总是有千万个理由可以为那个爱的人开脱，"可能他真的很忙呢？万一他正好没空呢！"

男人终于约了她一回，当然，不是一个好结果，也算一个好结果。

"其实，我一直在拒绝你啊。我很忙，就是一种拒绝。但你没听懂。我们可以做朋友。真的。"男人很真诚地说。

朋友当然是做不成了。也不过是彼此给彼此台阶下而已。Jucy 觉得特别没面子，哭了整整一个晚上。Jucy 后来说，还是感激他的坦诚，也没有耽误她很久。

有一句话是，他爱不爱你，看给你的时间就够了。没有一个男人会对自己喜欢的女人置之不理，更不会消失不见。在他有限的空余时间里，因为爱你，他只想和你在一起。

曾经有一篇文章叫《男人说忙的五大心理解析》，文中分析了男人说"我很忙"三个字的普遍心理，主要有：

一，用"我很忙"来提高自身身价。

二，用"我很忙"的字眼出现在电话或者手机短信里，让对方产生错觉，毕竟对于一个忙碌的男人来说，女人的依赖感和期待感会加强。

三，用"我很忙"做借口，躲掉他们不想面对的问题。

四，用"我很忙"唤起对方的珍惜感，提高约会时的"含金量"。

五，用"我很忙"成为含糊搪塞对方的方式，以拒绝别人。

而在我看来，也不仅仅是男人。无论男人还是女人，面对爱情，有一种拒绝，就是"我很忙"。

因为你不够重要，所以"我很忙"；

因为比你重要的事太多，所以"我很忙"；

我们还有更重要的事要做，所以"我很忙"。

"我很忙"的潜台词是：所以没时间理会你，所以请你离开我吧。

25岁时，我也有过一段漫长的相亲期。现在回头看，也不算特别长，差不多8个月，因为9月份，我就和老陈在一起了，结束相亲之旅。

我之所以说"漫长"，不仅仅是因为相亲那种无望和不确定，更是因为那段时间，你要忙于许多相亲中出现的琐事。

印象最深的事，是有一个相亲对象，我父母对他都特别满意。大致是见到他的那一刻，我父母和他的父母就达成共识了，一定要让我们坚持下去。当然，我并没有任何所谓的满意。感情中，我一直有一种理想主义：多谈感情，少谈钱。也就是先考虑两个人有没有感情，再考虑男方的家境。如果有钱，那当然不错，实在没钱，也无妨，大家今后一起努力就是。

既然父母都很殷勤，所以也不敢太直接说"不"，许多时候，总是有许多的迫不得已，于是最好所有的事都水到渠成，该合的合，该散的散。但我有一个标准是，如果我说了三次"我很忙"，他还没有理解意思，那么我就需要和他谈一谈。

结果，我们还是坐在了一起。这个男生对着我大发雷霆："为什么没有一口拒绝？总是'我很忙'，你有那么忙吗？"

我说："一是不想撕破脸。毕竟大多数我们之间会有彼此相熟的中间人，不想今后见面太难堪。二是希望你自己发现，慢慢疏远。其实，这个原因也是和第一个相通的。三是作为成年人，其实要懂得两情相悦这个词。"

这两个故事几乎如出一辙，不过是换了人物，换了地点，换了时间。拒绝一个人的方式有很多种，而说一句"我很忙"就是最常用的。我曾经对 60 个相亲过的男孩和女孩进行过分析，85％的人，拒绝一个不喜欢的异性相亲对象，都会用"我很忙"，只有 15％的人，会在第一时间用"我不喜欢你"。

你说他是不是真的是工作狂，所以忙到没有恋爱？

你说他是不是天生沉闷，所以没有时间思考爱情？

你说他是不是真的很忙……

都不是。

他喜不喜欢你，其实根本不需要你刻意去捕捉去分析去感受，如果他喜欢你，他会用时间来感动你。哪怕一个问候，哪怕偶尔一条短信，哪怕下班回家后的一个电话，哪怕夜深人静时拨通电话后不久对方已经是鼾声。这并不是非得需要无时无刻地存在，而是他在你身边，你就知道，他心里有你。

我们不需要那句"感情要经得起平淡的流年"来安慰自己，因为那是在一起后的平淡，而不是躲躲闪闪或视而不见。如果他喜欢你，他真的没有那么忙，因为空闲的时间，想的就是你。

这个世界，有一种爱叫"我在"，而有一种拒绝叫"我很忙"。我们都要明白。

图书在版编目(CIP)数据

干得漂亮是能力,活得漂亮是本事 / 谢可慧著. —杭州：浙江大学出版社，2016.12(2016.12 重印)

ISBN 978-7-308-16136-7

Ⅰ.①干… Ⅱ.①谢… Ⅲ.①人生哲学—通俗读物
Ⅳ.①B821－49

中国版本图书馆 CIP 数据核字（2016）第 192691 号

干得漂亮是能力,活得漂亮是本事

谢可慧　著

责任编辑	卢　川	
责任校对	杨利军　　田程雨	
出版发行	浙江大学出版社	
	（杭州市天目山路 148 号　邮政编码 310007）	
	（网址：http://www.zjupress.com）	
排　　版	杭州林智广告有限公司	
印　　刷	杭州钱江彩色印务有限公司	
开　　本	880mm×1230mm　1/32	
印　　张	8.125	
字　　数	182 千	
版 印 次	2016 年 9 月第 1 版　2016 年 12 月第 3 次印刷	
书　　号	ISBN 978-7-308-16136-7	
定　　价	36.00 元